KB144856

상어의
턱은
발사된다

SAME NO AGO HA TOBIDASHISHIKI:

SHINKAJUN NI MIRU JINTAI DE ARAWASU DOUBUTSU ZUKAN

by Satoshi Kawasaki

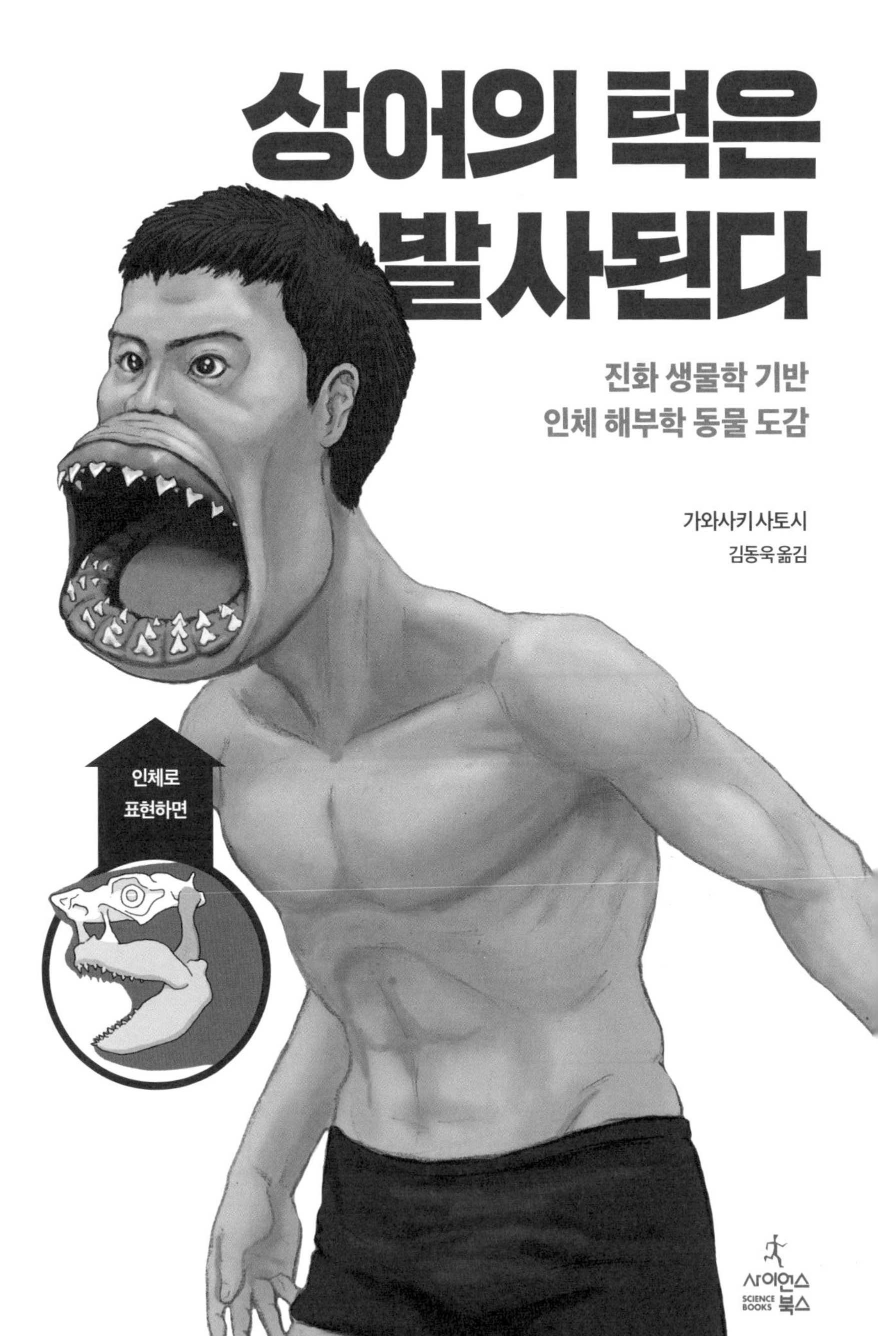

상어의 턱은
발사된다
진화 생물학 기반
인체 해부학 동물 도감
가와사키 사토시
김동욱 옮김
인체로
표현하면
사이언스
SCIENCE BOOKS
북스

책을 시작하며

'만약 인간의 다리가 개의 다리라면?', '인간의 팔이 두더지의 팔이라면?' 하는 식으로 여러 동물의 신체 부위를 그에 해당하는 인간의 신체 부위를 변형시켜 이해해 보자는 취지로 펴낸 『거북의 등딱지는 갈비뼈』가 큰 호평을 받았습니다. 이 책은 그 속편입니다.

앞의 책에서 다룬 동물들은 양서류, 파충류, 조류, 포유류였지요. 이들의 공통된 특징은 4개의 다리를 가지고 땅 위를 걷는다는 점입니다. 이러한 동물을 네발동물(Tetrapoda)이라고 합니다. (사지류, 사족 동물이라고 부르기도 하지만, 이 책에서는 네발동물이라고 하겠습니다.)

네발동물이라고 해도 한 가지는 아닙니다. 인간은 직립해서 2개의 다리로 걷고, 앞다리 2개가 날개로 바뀐 조류도 2개의 뒷다리로 걷지요. 고래는 포유류이지만 아예 땅 위에서 걷을 일 자체가 없습니다. 그러나 진화의 과정을 거슬러 올라가 보면, 모두 4개의 다리로 걷는 동물을 조상으로 두고 있습니다. 다시 말해 새도 고래도 먼 옛날에는 4개의 다리로 걷는 동물이었기 때문에, 기본적으로 네발동물의 친척에 해당합니다.

『거북의 등딱지는 갈비뼈』에서는 네발동물만 다루었지만, 이 책에서는 어류를 추가해서 어류, 양서류, 파충류(공룡), 조류, 포유류, 이렇게 등뼈동물(척추동물) 그룹을 전부 다룹니다. 등뼈동물 전체를 다루는 만큼, 이 책은 등뼈동물 진화의 흐름을 축으로 삼아 구성되어 있습니다.

모든 등뼈동물은 몸속에 뼈를 가지고 있으며 그것으로 몸을 지탱하는 동물입니다. 그런데 인간 골격의 일부를 다른 동물에서 그에 해당하는 부위로 바꾸면 어떻게 될 것인지, 그리고 여러 등뼈동물이 각자의 환경 속에서 몸의 형태를 어떻게 바꿔서 적응해 왔는지, 인체 변형으로 최대한 표현해 진화의 이미지를 떠올릴 수 있도록 신경 썼습니다. 모쪼록 마지막까지 즐겨 주시기 바랍니다.

2020년 8월

가와사키 사토시

Contents

Chapter.2

양서류 · 파충류

Contents

Contents

Chapter.0

등뼈동물의 진화

Vertebrate evolution

그림❶

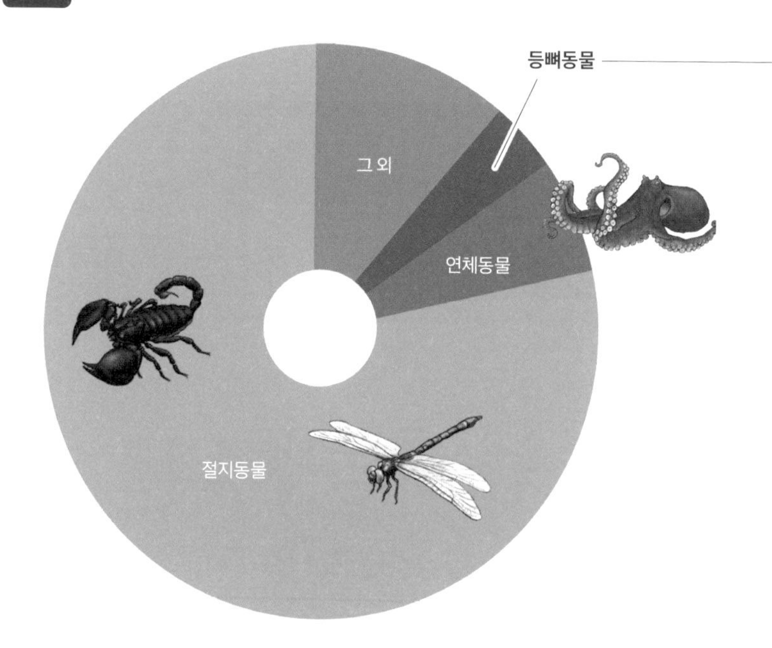

등뼈동물이란?

오늘날 지구에는 약 140만 종의 동물이 서식하고 있습니다. 그중에서도 곤충이나 새우 등 절지동물(Arthropoda) 그룹이 압도적으로 커서 그 종수가 무려 110만 종에 이르며, 문어나 조개 등 연체동물(Mollusca)은 8만 5000종, 그리고 우리 인간이 포함된 등뼈동물(Vertebrata)은 6만 2000종입니다. 그림❶

이 책에서 다룰 것은 바로 등뼈동물입니다. 등뼈동물은 어류, 양서류, 파충류, 조류, 포유류 5개 그룹으로 나뉩니다. (원시적 어류인 무악류를 독립시켜 6개 그룹으로 치기도 하지요.)

그렇다면 등뼈동물이란 무엇일까요? 그 이름처럼 모든 등뼈동물에는 '등뼈'가 있습니다. 인간도, 물고기나 개구리, 악어, 새도 모두 등뼈가 있으며, 그것으로

그림 ❷

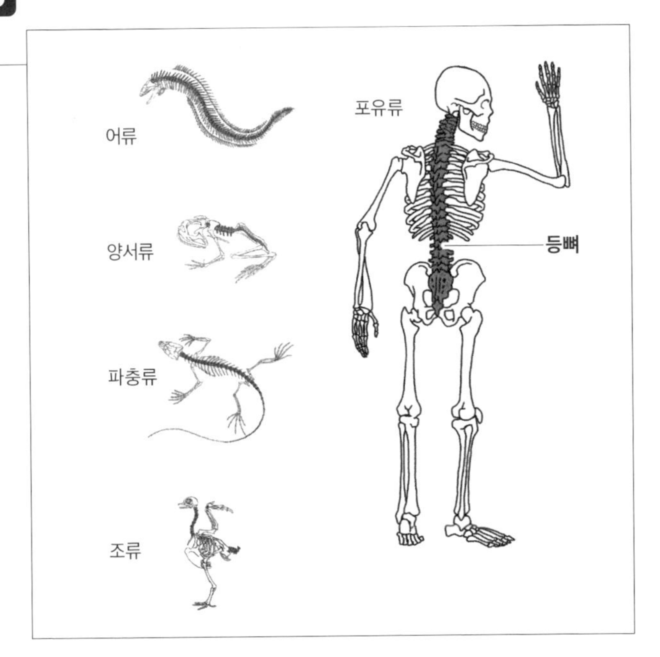

몸을 지지한다는 공통적 특징을 가지고 있지요. 그림 ❷

등뼈동물은 등뼈가 몸을 지지하는 심지가 된다는 특징 덕분에 절지동물이나 연체동물과는 비교도 되지 않을 정도로 몸집을 키울 수 있었습니다. 오늘날 살아 있는 생물 중 고래나 코끼리, 이미 멸종한 먼 옛날의 생물 중에는 공룡이 대표적인 예라고 할 수 있겠습니다.

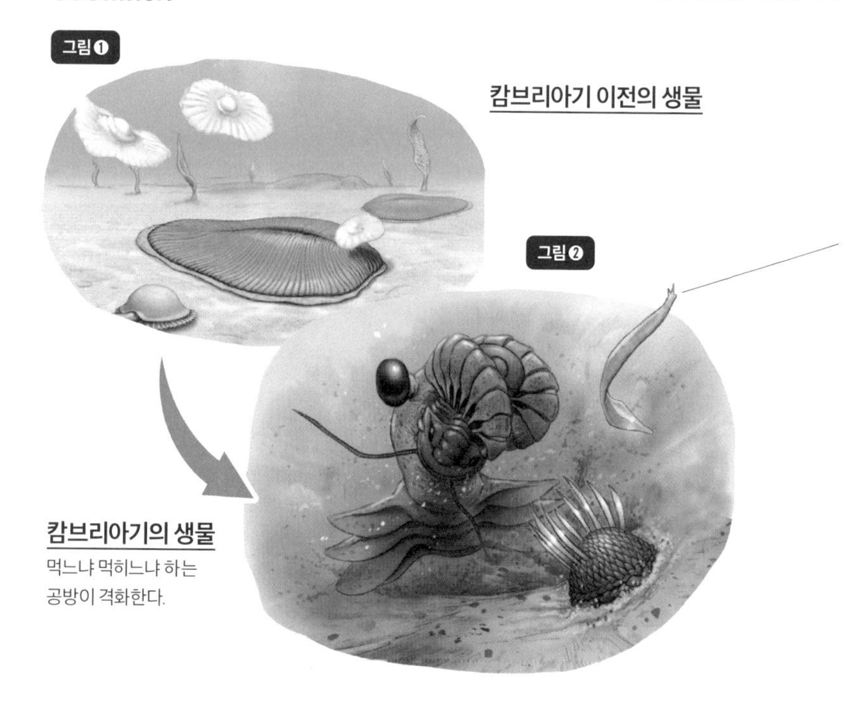

등뼈동물의 조상

등뼈동물이 지구상에 나타난 것은 아직 땅 위에 생물이 존재하지 않았던 캄브리아기(약 5억 4100만 년~4억 8500만 년 전)까지 거슬러 올라갑니다. 이때는 생물들이 크게 변화하는 시대였습니다. 그 이전 시대의 생물로는 해파리와 같이 바닷속을 떠돌거나, 바다 밑바닥에 가만히 있는 생물밖에 없었지요. 그림❶

그러나 캄브리아기에는 활발히 헤엄치며 눈으로 먹잇감의 위치를 파악해 적극적으로 포식하는 생물과 그에 맞서기 위해 단단한 껍데기로 몸을 감싸거나 날카로운 가시를 두른 생물이 다수 나타났습니다. 그들 중 대다수는 절지동물이나 연체동물로 분류되는 생물이었지요. 그림❷

한편 그와 같이 다양한 생물이 군웅할거하던 캄브리아기에 몸을 지킬 껍데

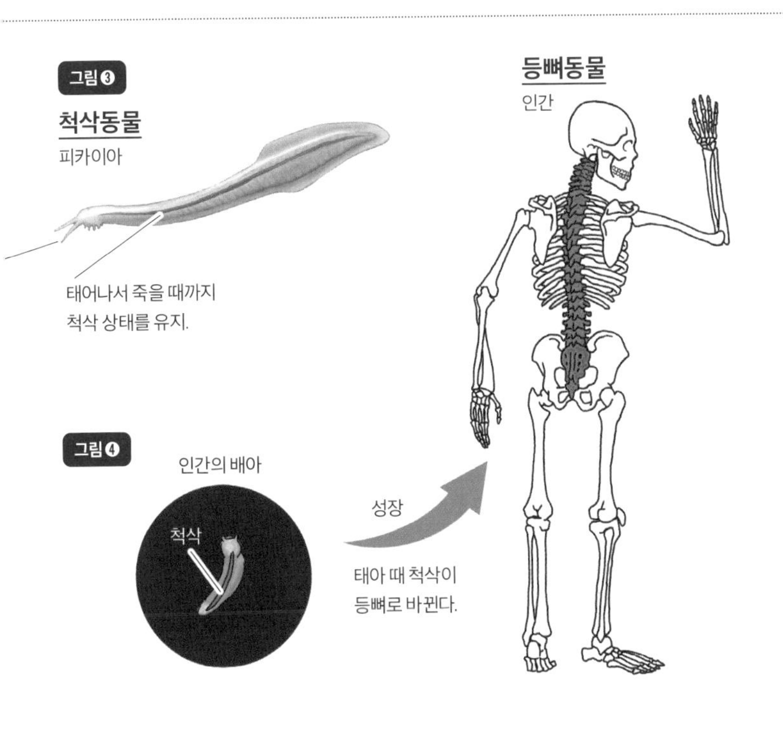

기조차 없었던 작은 생물, 피카이아(*Pikaia*)가 있었습니다. 그림❸ 바로 이 생물이 등뼈동물의 조상 중 하나로 추정됩니다. 길이 약 4센티미터의 가늘고 긴 몸을 가진 생물로 그 몸에는 한 가닥 심지가 있었습니다. '척삭(notochord)'이라고 부르는 말랑말랑한 막대 같은 조직이었지요. 이 척삭을 가지고 있는 동물을 척삭동물(Chordata)이라고 하며, 오늘날에는 창고기(*Branchiostoma belcherii*)가 있습니다. 등뼈동물도 이 척삭이 있지만, 성장 도중 사라지고 단단한 등뼈로 바뀝니다. 그림❹

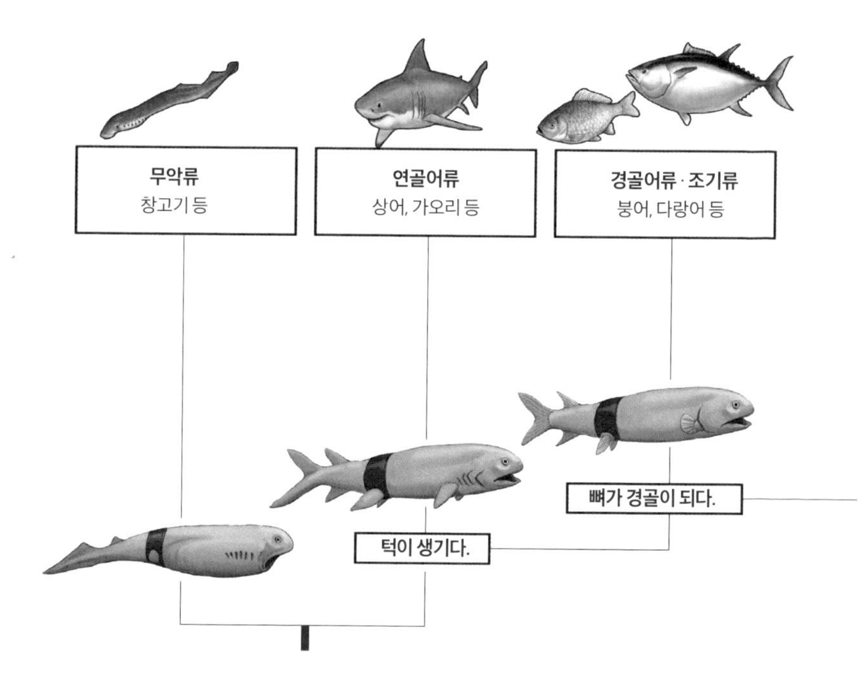

등뼈동물의 진화와 그 흐름(탄생에서 상륙까지)

여기서는 등뼈동물 진화의 큰 흐름을 간단하게 서술하고, 진화의 포인트가 되는 상세한 사항에 관해서는 각 장에서 해설하겠습니다.

척삭이라는 말랑말랑한 막대 조직으로 몸을 지탱하는 척삭동물에서 진화해 단단한 등뼈를 품은 등뼈동물은, 몸속에 연골과 같은 뼈를 가지게 되었습니다. 그런 등뼈동물의 시작은 어류였지요. 당초 어류는 입에 턱이 없었습니다. 이와 같은 단계의 동물을 무악류(Agnatha)라고 부릅니다. 무악류 중 대다수는 먼 옛날 멸종해 버려, 오늘날에는 창고기류와 먹장어류만 남아 있지요. 한편 실루리아기(약 4억 4300만 년~4억 1900만 년 전)가 되자 아가미를 지지하는 '새궁(gill arch)'이라는 뼈가 턱뼈로 변화한 어류가 나타났습니다.

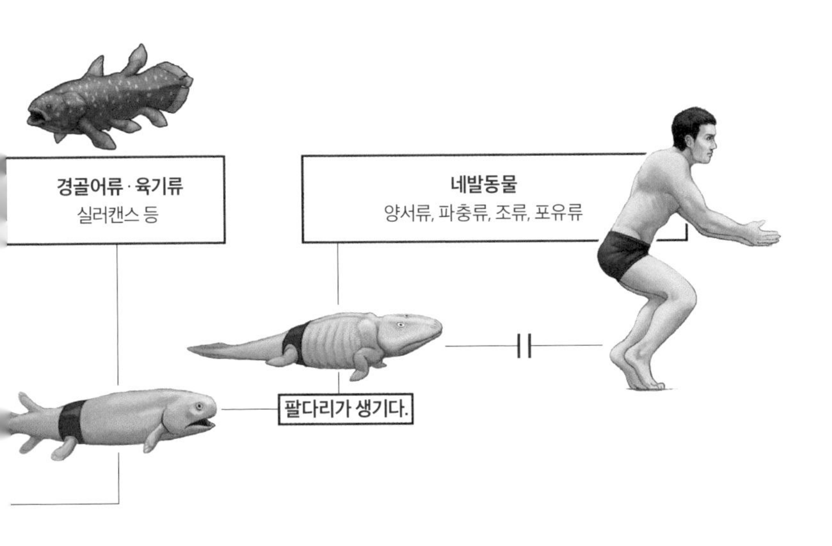

원래 어류는 상어처럼 연골로 이루어진 뼈를 가지고 있었지만, 그중 단단한 뼈를 가진 경골어류(Osteichthyes)가 나타났습니다. 오늘날 다랑어나 농어 등 어류의 대부분을 차지하는 조기류(Actinopterygii)와 실러캔스 같은 육기류(Sacropterygii)가 경골어류에 해당합니다. 이후 데본기(약 4억 1900만 년~3억 5900만 년 전)에 들어서자 육기류의 지느러미에 해당했던 뼈가 다리뼈로 변화했습니다. 이때 비로소 등뼈동물이 4개의 다리로 땅 위를 걸어 다니는 육상 생활을 할 수 있게 되었지요. 물고기의 지느러미가 다리로 변화한 등뼈동물은 '네발동물'이라고 부릅니다.

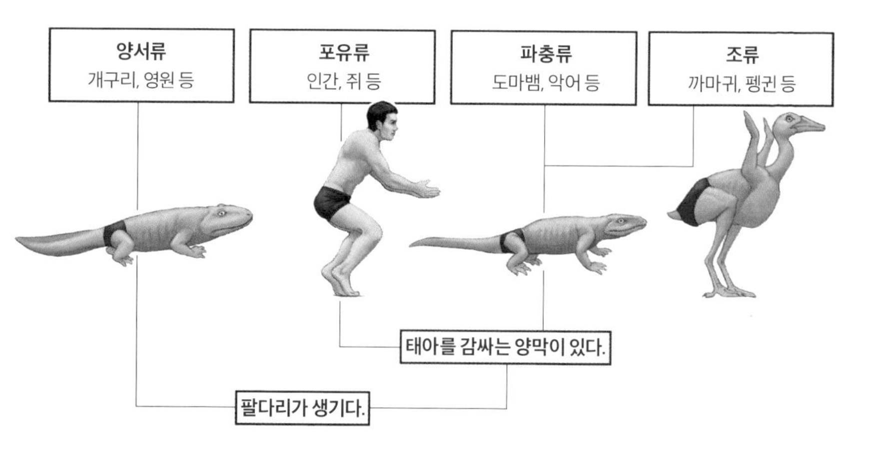

등뼈동물의 진화와 그 흐름(상륙 후 네발동물의 진화)

등뼈동물 중 진화의 무대를 땅 위로 옮긴 네발동물로는 양서류, 파충류, 조류, 그리고 우리 포유류가 있습니다. 최초의 네발동물인 양서류는 물과 땅을 오가며 생활하는데, 알이 마르는 것을 막기 위해 물속에서 산란하지요. 한편 석탄기(약 3억 5900만 년~2억 9900만 년 전)가 되자 양서류 중 땅 위에서도 알을 낳는 유양막류(Amniota)가 등장했습니다. 유양막류는 크게 단궁류와 쌍궁류로 나뉘었고, 단궁류에서 포유류, 쌍궁류에서 파충류와 조류가 나타났지요. 땅 위에서 번식이 가능해진 이들 3개 그룹이 물이 별로 없는 내륙으로 서식 범위를 넓힘으로써, 다양한 진화가 이루어지게 되었습니다.

Chapter.1

어류

Fish

그림❶ 무악류

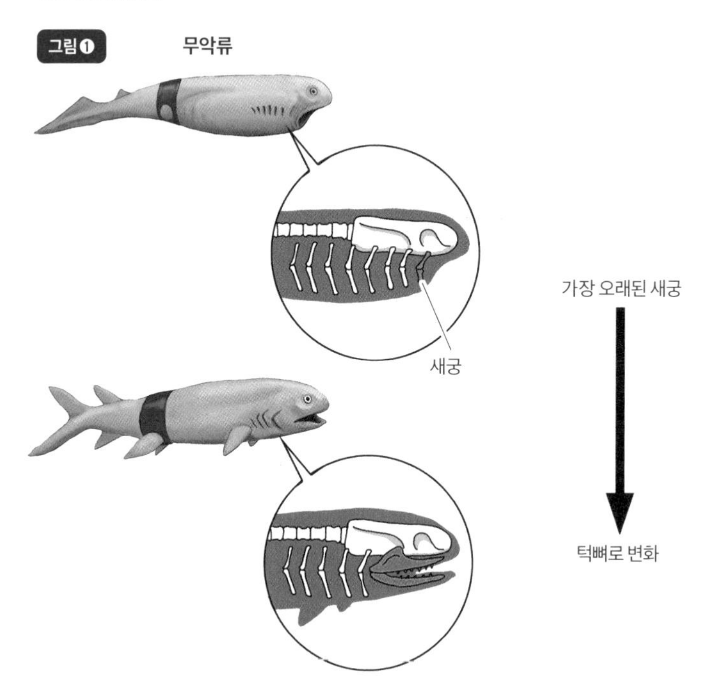

최초의 혁명, 턱의 탄생

최초의 등뼈동물인 무악류는 이름 그대로 턱이 없고 몸의 앞부분에 둥근 구멍 같은 입이 뚫려 있는 물고기였습니다. 무악류는 먼 옛날 대부분 멸종했지만, 오늘날에도 살아 있는 무악류로는 칠성장어류 등이 있습니다. 1쌍의 눈 뒤에 늘어선 7쌍의 아가미구멍(새공) 때문에 그런 이름이 붙은 칠성장어는, 입으로 들이마신 물을 아가미로 걸러 7쌍의 아가미구멍으로 배출하는 식으로 호흡합니다. 그리고 머리 양옆에 늘어선 아가미는 위아래로 대칭을 이루는 가늘고 긴 뼈(새궁)로 구성되어 있습니다.

턱이 있는 어류는 실루리아기에 나타났는데, 아마 무악류 중 맨 앞 새궁을 턱뼈로 변화시킨 부류가 이 무렵 나타난 것으로 보입니다. 그림❶ 그들은 턱을 얻

음으로써 먹잇감을 물고 늘어질 수 있게 되었는데, 이 작은 변화는 어류에게 대단히 커다란 의미가 있었지요. 턱이 없던 시절 어류는 연체동물인 앵무조개류(Nautilidae)나 절지동물인 바다전갈류(Eurypteridae)의 먹잇감 신세인 생태계의 약자였습니다. 그림❷ 그러나 턱이라는 무기를 얻음으로써 다음 시대인 데본기에는 어류의 황금 시대가 막을 열었고, 크고 억센 턱으로 해양 생태계의 정점에 군림하는 둔클레오스테우스(*Dunkleosteus*)가 나타나기에 이르렀습니다. 그림❸

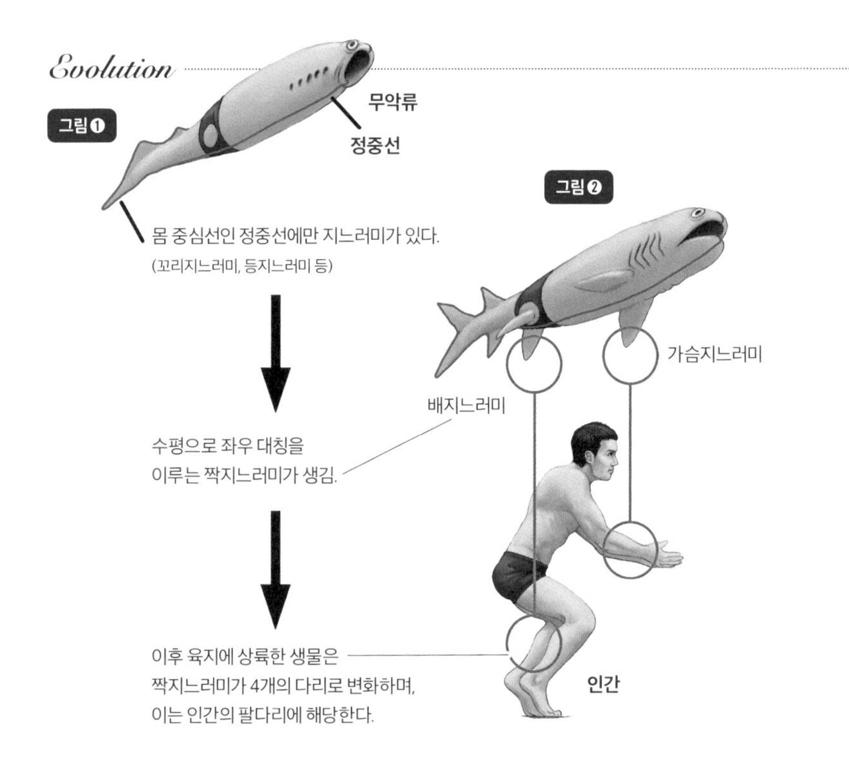

기동력의 향상, 짝지느러미의 발달

어류는 턱을 얻음으로써 생태계의 약자에서 입장이 뒤바뀌어 먹잇감을 포식하는 강자가 되었습니다. 그러나 먹잇감에 접근해 턱이라는 무기를 쓰려면 재빠르게 이동하는 능력이 필요하게 되었지요. 무악류는 대부분 몸의 중심선을 따라 난 등지느러미와 꼬리지느러미만을 가졌기 때문에 헤엄 능력이 저조했던 것으로 보입니다. 그림① 이후 '가슴지느러미'나 '배지느러미'처럼 수평으로 좌우 대칭을 이루는 짝지느러미가 추가되면서 헤엄 능력도 향상되었지요. 그림②

물고기의 황금 시대라고도 불리는 데본기에는 상어와 그 친척들이 나타났습니다. 이 초기 상어류 가운데 대표적인 것이 클라도셀라케(*Cladoselache*)입니다. 그림③ 클라도셀라케는 몸길이 2미터 정도로, 강한 추진력을 내는 커다란 꼬리지

밀로쿤밍기아

약 5억 2400만 년 전에 서식.
가장 오래된 물고기라고도 불린다.
짝지느러미를 가졌을 가능성이 있다.

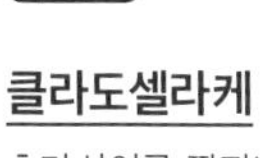

클라도셀라케

초기 상어류. 짝지느러미가 발달해
뛰어난 기동력을 가지고 있었다.

느러미를 가지고 있었습니다. 가슴지느러미와 배지느러미 역시 크게 발달해 바닷속에서 상승, 하강, 방향 역전과 급제동하는 능력이 뛰어났는데, 당시 바다에서 그 움직임을 당해 낼 상대는 없었을 겁니다. 또한 원시 상어라고 해도 그 모습은 오늘날과 거의 다르지 않았습니다. 상어와 그 친척들은 이때부터 물속에서 높은 기동력과 턱으로 먹잇감을 포식하는 생활 방식에 맞는 신체가 완성되어 있었다고 할 수 있습니다.

이렇게 어류의 헤엄 능력에 공헌한 가슴지느러미와 배지느러미는 이후 4개의 다리로 변화하게 됩니다.

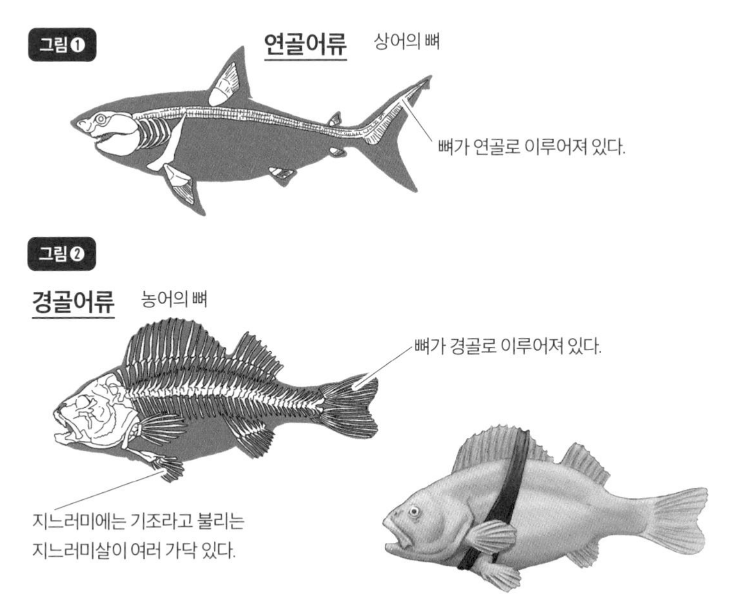

오늘날의 우세종은 조기류

상어와 그 친척들은 몸의 모든 뼈가 탄력성이 있는 연골로 이루어져 있는데, 이와 같은 어류를 연골어류(Chondrichthyes)라고 부릅니다. 그림❶ 한편 석회질이 다량으로 함유된 단단한 뼈를 가진 어류는 경골어류라고 부르지요. 우리 인간의 몸을 지탱하는 뼈도 대부분 경골어류와 같은 경골로 구성되어 있습니다.

경골어류가 등장한 시대는 실루리아기로, 조기류가 이 시기에 나타났습니다. 조기류의 특징은 가슴지느러미나 꼬리지느러미 같은 곳에 마치 부챗살처럼 지느러미살(기조)이 여러 가닥 나 있어 지느러미 막을 지지한다는 점입니다. 그림❷ 조기류 자체는 어류의 황금 시대라고 할 수 있는 데본기보다 앞선 실루리아기에 등장했지만, 당시에는 연골어류인 판피류(Placodermi)나 또 다른 경골어

그림❸ 오늘날의 어류 종수

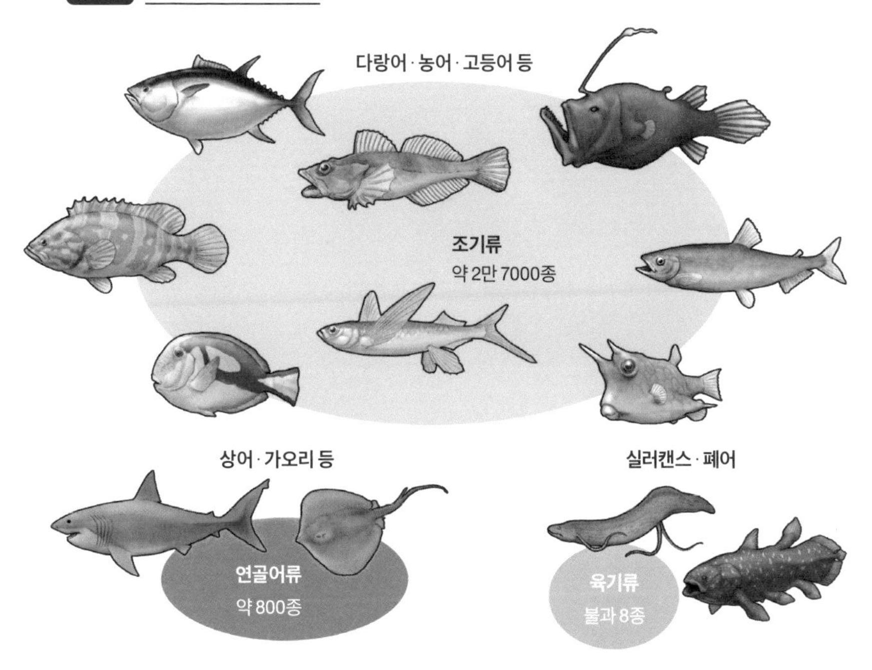

류인 극어류(Acanthodii)의 세력이 강성해 조기류는 소수파에 속하는 그룹이었습니다.

그러나 이후에 판피류나 극어류는 점차 멸종하고 맙니다. 그리고 소수파였던 조기류가 점차 번성해 나가지요. 오늘날의 어류는 대부분 조기류로, 그 종수만 2만 7000종에 달합니다. 그림❸ 이것은 전체 등뼈동물 6만 2000종의 절반에 육박하는 수치로, 등뼈동물 중에서도 압도적으로 거대한 그룹이라고 할 수 있습니다. 고등어에서 연어, 도미, 꽁치, 다랑어까지 우리가 평소 먹는 물고기는 대부분 조기류로 분류된다고 해도 과언이 아닙니다.

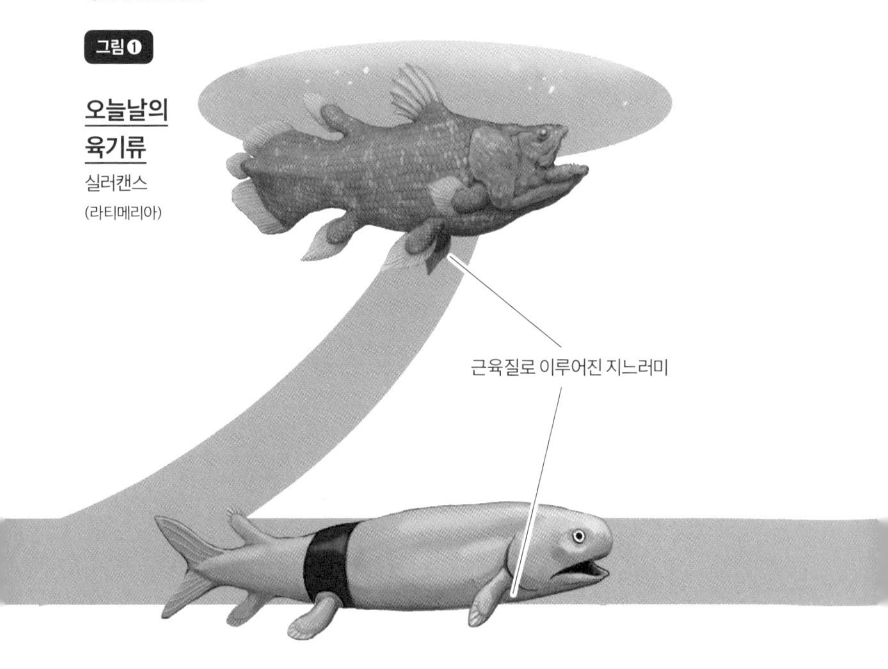

두 번째 혁명, 팔다리가 된 지느러미

오늘날 서식하는 어류는 대부분 조기류에 해당하지만, 소수파인 '육기류'라는 그룹도 존재합니다. 조기류는 종수가 2만 7000종이나 되는 반면, 오늘날 서식 중인 육기류의 종수는 심해에 숨어 사는 실러캔스 2종과 민물(호수나 강 등)에 살며 폐호흡이 가능한 폐어 6종까지 다 합쳐도 8종뿐이지요.

그러나 실루리아기에 일어난 턱의 발생에 이어, 이 육기류에게서 등뼈동물 사상 두 번째 혁명이 일어났습니다. 육기류는 가슴지느러미나 배지느러미 같은 지느러미가 근육질로 이루어져 있고 또한 뼈와 근육을 갖추고 있는데, 그림❶ 다른 어류의 지느러미보다 우리 인간의 팔이나 다리의 구조에 가깝지요. 이 육기류에서 좌우 대칭을 이루는 가슴지느러미와 배지느러미가 4개의 다리로 변화해

육지 보행이 가능한 네발동물의 진화가 시작된 것입니다. 그림❷ 이것은 물속과 환경이 크게 다른 땅 위로 서식지를 확장하는 일대 변화였습니다.

육지라는 신천지에서 네발동물은 환경에 맞춰 다양하게 변화합니다. 초기 네발동물로부터 진화한 양서류를 비롯해 파충류, 조류, 포유류와 같은 그룹이 탄생했습니다. 오늘날에는 네발동물 그룹이 등뼈동물의 종수 중 절반을 차지하고 있습니다. 그림❸

어류

상어

Shark

상어는 코끝이 튀어나와 있고 입은 뒤쪽에 있습니다. 이 형태는 먹잇감을 물기 어려워 보이지만, 실은 턱만 앞으로 튀어나오게 할 수 있지요. 턱과 머리뼈가 인대와 근육으로만 연결되어 있어서 턱이 머리뼈와 따로 움직이는 것입니다. 이는 먹잇감을 물 때 발생하는 충격에서 머리를 보호하는 효과도 있습니다.

How to

상어 인간 만드는 법

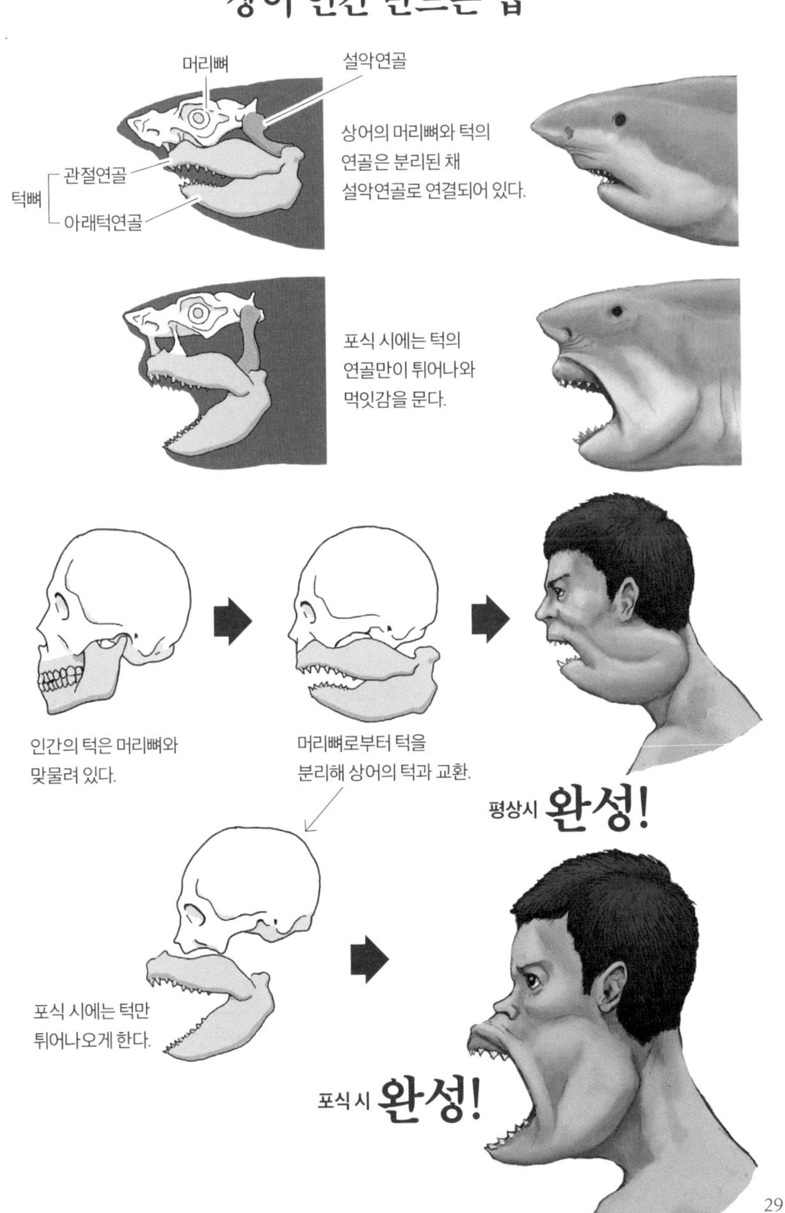

원래 비늘이었던 이빨

삼엽충, 암모나이트, 상어의 이빨은 '화석계의 3대 보물'이라고 불립니다. 이들 셋은 여러 화석 중에서도 특히 많이 출토되는 종류이기 때문이지요.

상어의 이빨은 쉽게 빠지며 평생 수만 개가 다시 납니다. 상어와 그 친척들은 3억 7000만 년 전에 나타나 오늘날까지도 멸종하지 않은 채 살아가고 있기에 상어 이빨 화석도 그만큼 많이 출토되는 것입니다. 인간의 이는 턱뼈에 단단히 박혀 있어 그리 간단히 빠지지 않지만, 상어의 이빨은 잇몸만으로 지지되기 때문에 먹잇감을 물기만 해도 쑥 빠지곤 합니다. 그러나 이빨이 빠져도 바로 뒤에 예비 이빨이 대기하고 있어서 금세 원상 복구되지요. 그림❶

상어의 이빨은 원래 몸의 표면에 늘어선 '방패 비늘(placoid scales)'이 입 안으로 이동해 변화한 것이라고 합니다. 그림❷ 때문에 상어의 방패 비늘은 '피부 돌기(dermal denticles)'라고 불리기도 하지요. 상어의 몸은 작은 이빨이 온몸에 나 있는 것처럼 표면의 촉감이 거슬거슬해, 마치 모래 종이를 방불케 합니다. 실은 상어뿐만 아니라 우리 인간을 비롯한 등뼈동물의 이빨도 그 기원을 찾아보면 피부에서 발생한 비늘 등에 있습니다.

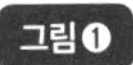

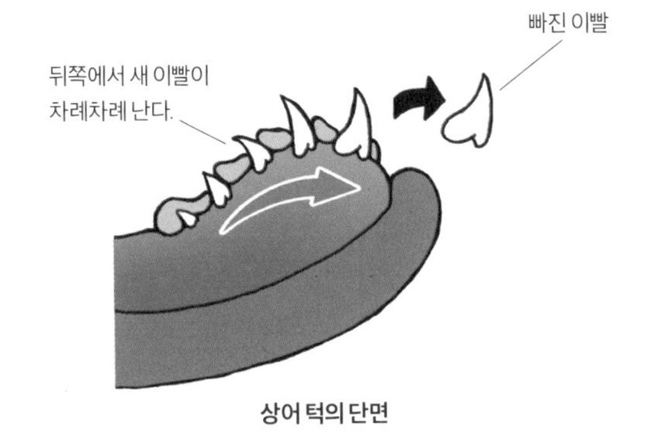

상어 턱의 단면

그림❷

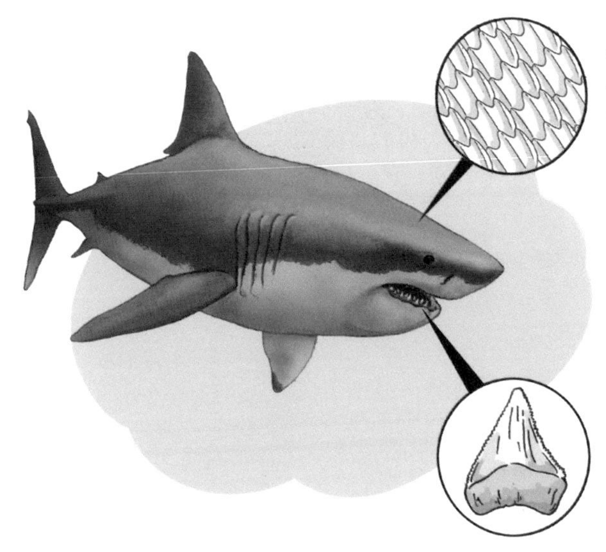

방패 비늘
상어의 비늘은
에나멜질과 상아질로
이루어져 있다.

이빨은 비늘이
입안으로 이동해
변화한 것이다.

어류

곰치

Moray eel

곰치(*Gymnothorax kidako*)는 바다의 깡패라고도 불리는 포악한 대형 육식 어류입니다. 턱에는 날카로운 이빨이 늘어서 있는데, 목 안쪽에도 그와 비슷한 또 하나의 턱이 있지요. 곰치가 입을 크게 벌리면 두 번째 턱이 목 안쪽에서 튀어나와 붙잡은 먹잇감을 입 안쪽으로 끌어당깁니다.

만약
인간이 같은
구조였다면?

곰치 인간

Moray eel Human

How to

곰치 인간 만드는 법

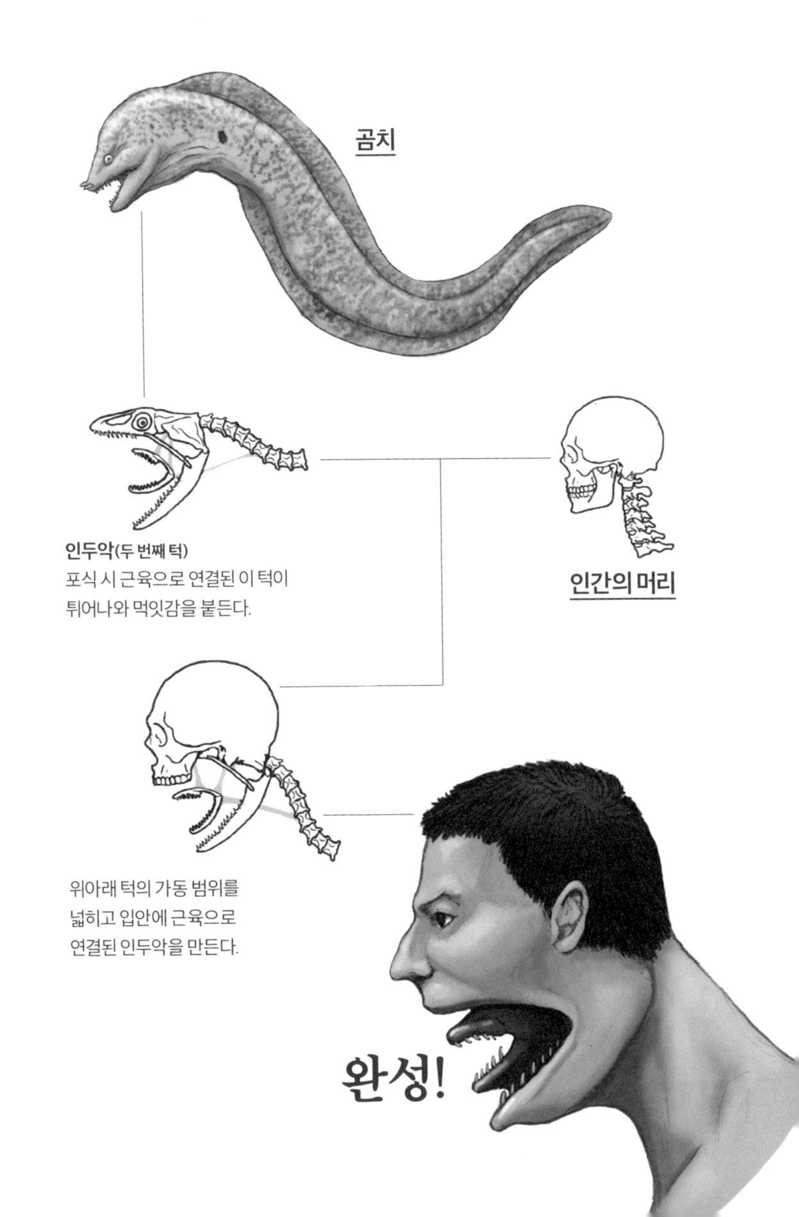

입 안에 있는 또 하나의 입

곰치는 온난한 지역의 얕은 바다에서 서식하는 물고기입니다. 평소에는 바위나 산호의 틈새 등에 몸을 숨기고 지내지만, 산호초나 암초 생태계에서 최상위 포식자로 불리는 탐욕스러운 육식 어류이지요. 어류나 갑각류, 두족류 같은 작은 먹잇감을 커다란 입으로 포식하며, 특히 문어의 천적으로 유명합니다.

곰치의 입을 벌리면 그 안쪽에서 두 번째 턱 '인두악'이 튀어나옵니다. 이것은 아가미를 지지하는 뼈인 새궁이 변화한 것이지요. 실은 잉엇과 물고기에게도 곰치의 인두악과 비슷하게 목 안쪽에 어금니 같은 이빨이 나 있습니다. 이것은 '인두치'라고 부릅니다. 잉엇과 물고기는 턱에 이빨이 없어서, 위턱을 돌출시켜 입천장을 쳐듦으로써 먹잇감을 빨아들이고 목 안쪽에 있는 인두치로 씹어 으깨지요. 그림❶ 씹어 으깨는 힘은 아주 강해서, 동전도 구부릴 수 있을 정도라고 합니다.

그러나 곰치는 잉엇과 물고기와 달리 아가미구멍이 작고 아가미뚜껑의 가동 폭도 협소해 순간적으로 일으킬 수 있는 물의 흐름이 약하기 때문에, 잉엇과 물고기와 같이 먹잇감을 빨아들일 수 없습니다. 대신에 목 안쪽에서 인두악이 튀어나와 먹잇감을 물고, 목 안쪽으로 끌어당기는 구조로 되어 있는 것입니다. 그림❷

그림 ❶

잉엇과 물고기
은붕어
포식 시
아가미
대량의 물을 배출할 수
있어서 물과 함께 먹잇감을
힘차게 빨아들인다.
빨아들인다.
인두치

그림 ❷

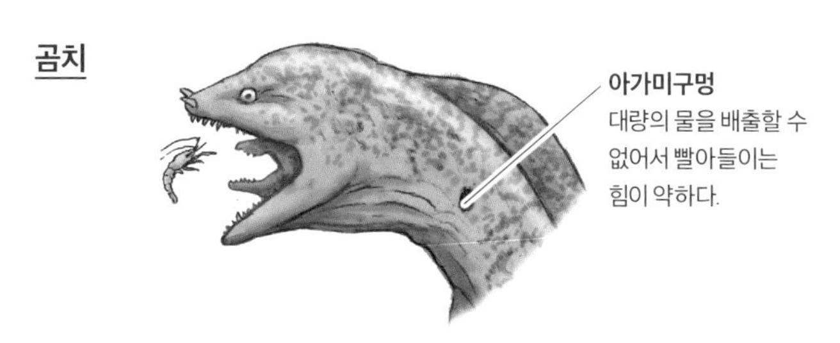

곰치
아가미구멍
대량의 물을 배출할 수
없어서 빨아들이는
힘이 약하다.

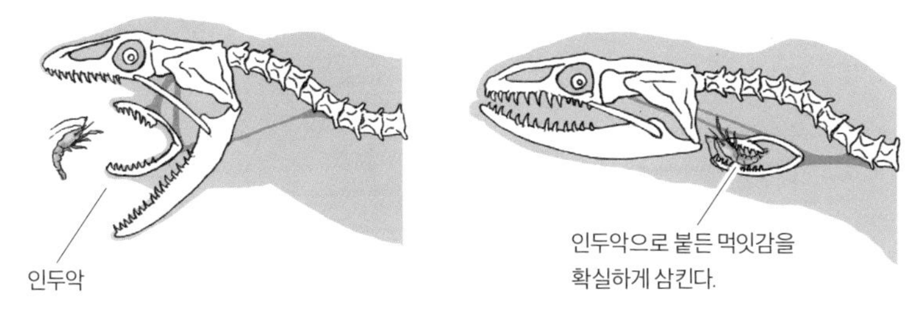

포식 시
인두악
인두악으로 붙든 먹잇감을
확실하게 삼킨다.

어류

펠리컨장어

Pelican eel

수심 500미터에서 7,800미터까지, 전 세계의 심해에서 서식하며 몸길이는 80센티미터에 육박하는 펠리컨장어(*Eurypharynx pelecanoides*). 그 이름 그대로 펠리컨과 같은 커다란 입을 가지고 있는 심해어입니다. 극단적으로 커다란 입을 지지하는 것은 우산살과 같이 가늘고 길게 뻗은 위아래 턱뼈로, 그 길이는 머리뼈의 10배나 됩니다.

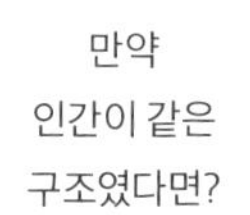

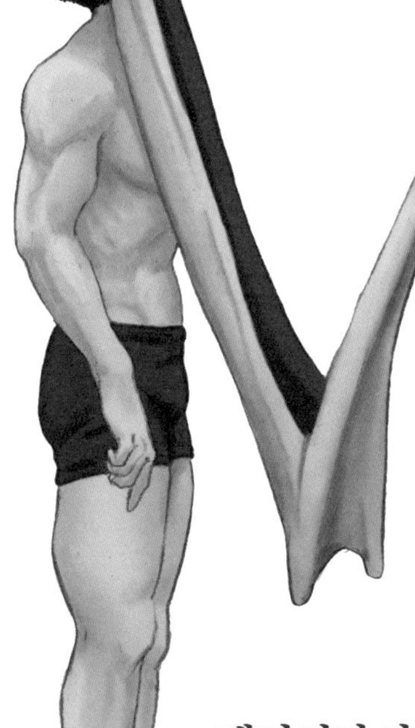

펠리컨장어 인간

Pelican eel Human

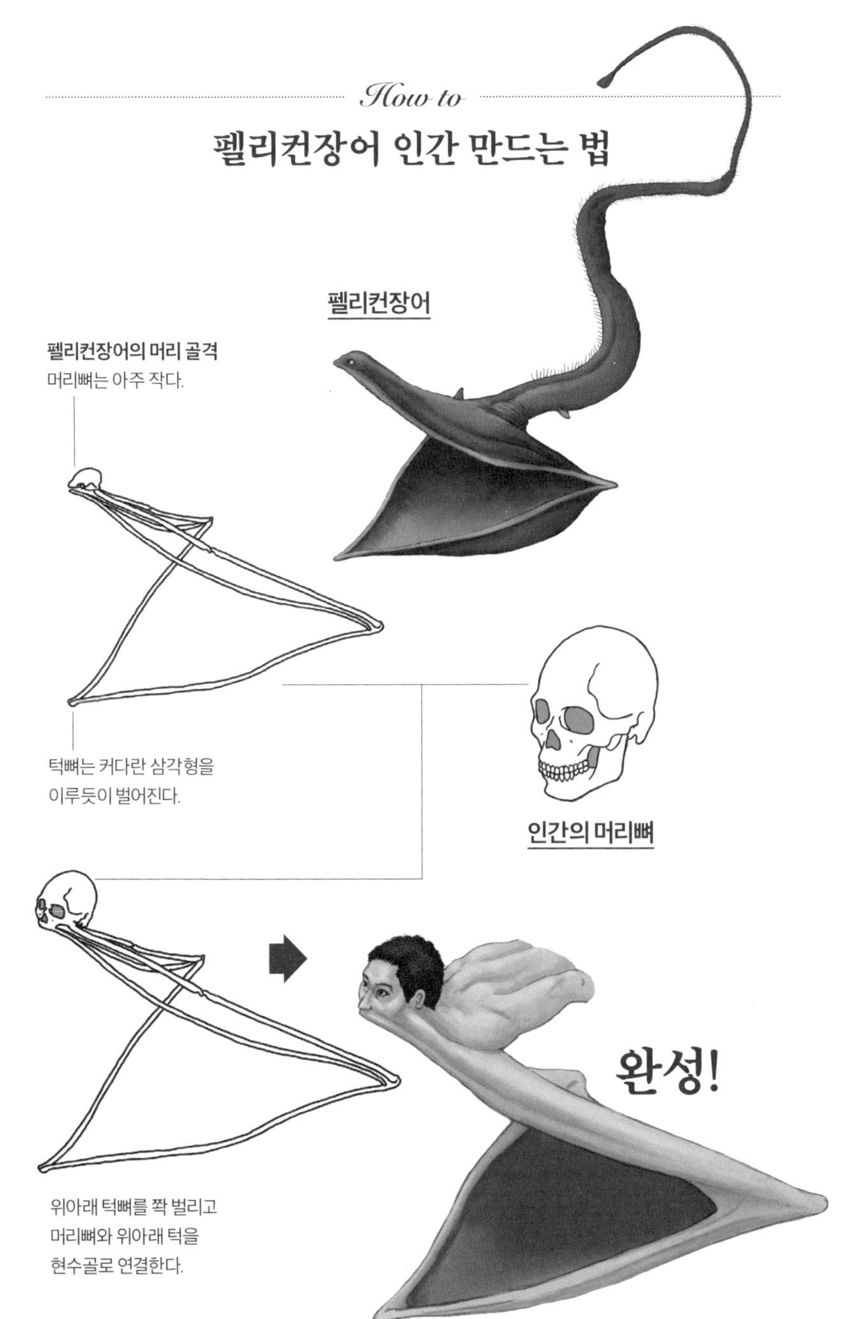
How to
펠리컨장어 인간 만드는 법
펠리컨장어
펠리컨장어의 머리 골격
머리뼈는 아주 작다.
턱뼈는 커다란 삼각형을
이루듯이 벌어진다.
인간의 머리뼈
완성!
위아래 턱뼈를 쫙 벌리고
머리뼈와 위아래 턱을
현수골로 연결한다.

심해에 도사리며 먹잇감을 기다리는 커다란 입

2010년, 장어목 56종의 미토콘드리아 DNA를 비교해 본 결과 펠리컨장어는 뱀장어(*Anguilla japonica*)의 친척임이 밝혀졌습니다. 그림❶

뱀장어는 심해와는 멀리 떨어진 민물(강 같은 하천)에서 서식하지만, 번식은 일본에서 약 3,000킬로미터 떨어진, 괌이나 사이판이 있는 마리아나 제도 서쪽 해역의 심해에서 합니다. 거기서 태어난 뱀장어의 유어(댓잎장어)는 해류를 타고 이동하면서 실뱀장어로 변화, 일본 등지의 민물에서 성어가 되지요. 우리가 맛있게 먹는 장어, 즉 뱀장어는 괌이나 사이판의 심해에서 태어난 물고기라는 것입니다. 아마도 뱀장어의 조상은 원래 심해에서 살았는데, 그중 일부가 심해보다 먹잇감이 풍부한 민물에서 성장한 것이 오늘날의 뱀장어라고 추정됩니다.

한편 펠리컨장어는 먹잇감이 풍부하지 못한 심해에서 먹잇감을 포획하기 쉽도록 입을 극단적으로 발달시켰던 모양입니다. 펠리컨장어는 몸을 수직으로 곧추세운 채 커다란 자루와 같은 입을 벌리고, 작은 갑각류 같은 먹잇감이 들어오기를 기다립니다. 먹잇감이 들어오면 입을 천천히 다물고 입안에 들어온 물을 아가미구멍으로 배출, 먹잇감만 꿀꺽 삼키는 것이지요. 그림❷ 그 커다란 자루와 같이 생긴 입 때문에 펠리컨장어는 자루장어라고 불리기도 합니다.

그림❶ 뱀장어와 펠리컨장어는 근연 관계

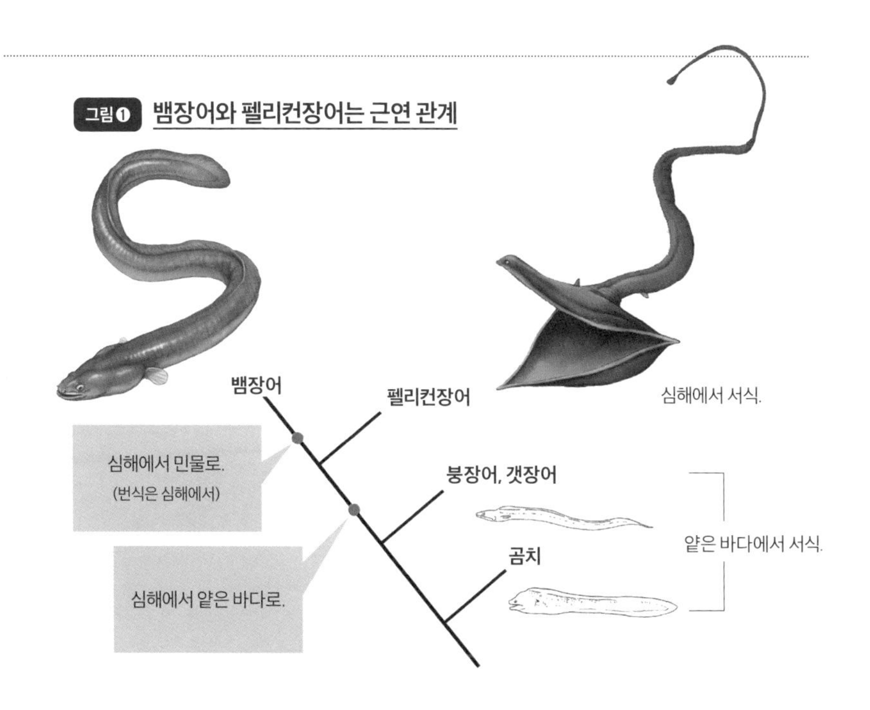

그림❷ 펠리컨장어가 먹잇감을 포획하는 방법

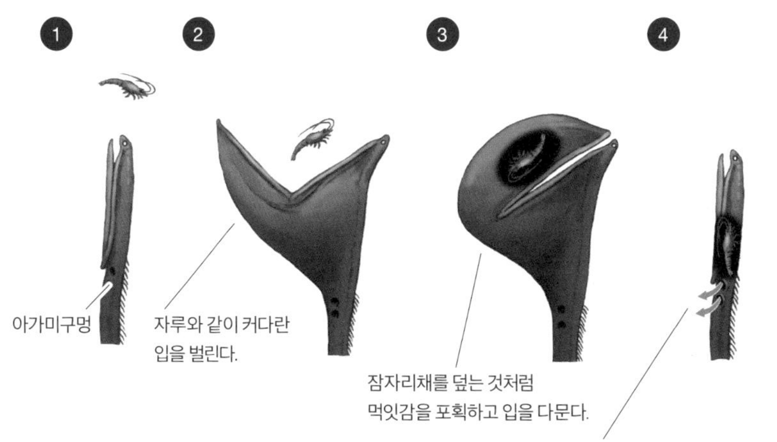

어류

폐어

Lungfish

폐어는 그 이름처럼 폐, 즉 허파를 가지고 있으며 공기 호흡이 가능한 어류입니다. 실러캔스와 같이 뼈와 근육질 지느러미를 가진 육기류에 속합니다. 폐어는 인간의 팔다리에 해당하는 짝지느러미(가슴지느러미, 배지느러미)가 특징입니다. 원시적인 형태의 오스트레일리아폐어(*Neoceratodus forsteri*)는 두툼한 근육질의 지느러미를, 남아메리카폐어(*Lepidosiren paradoxa*)와 아프리카폐어는 채찍처럼 생긴 지느러미를 가지고 있지요.

만약
인간이 같은
구조였다면?

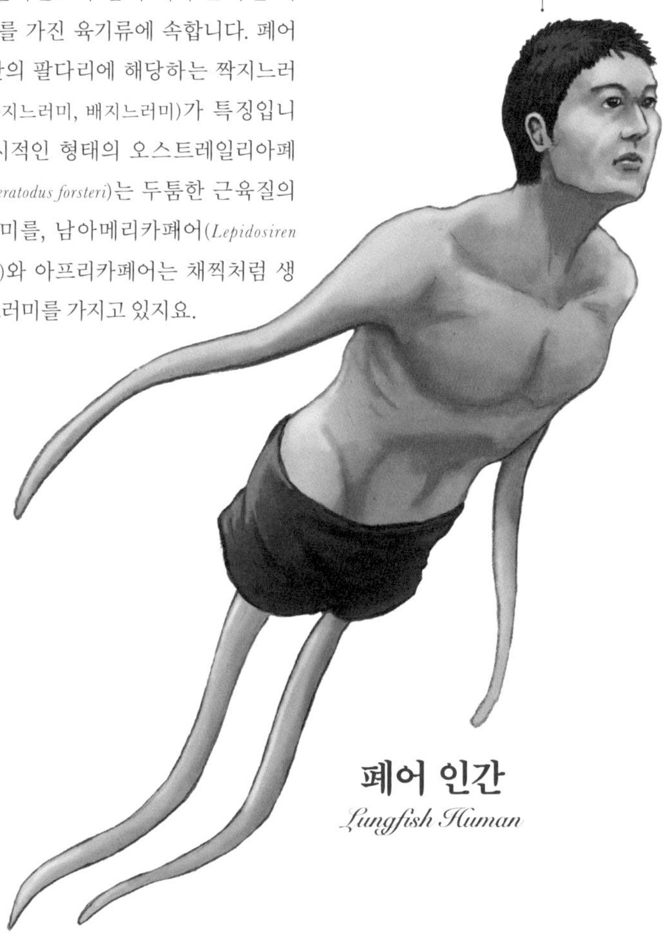

폐어 인간

Lungfish Human

How to

폐어 인간 만드는 법

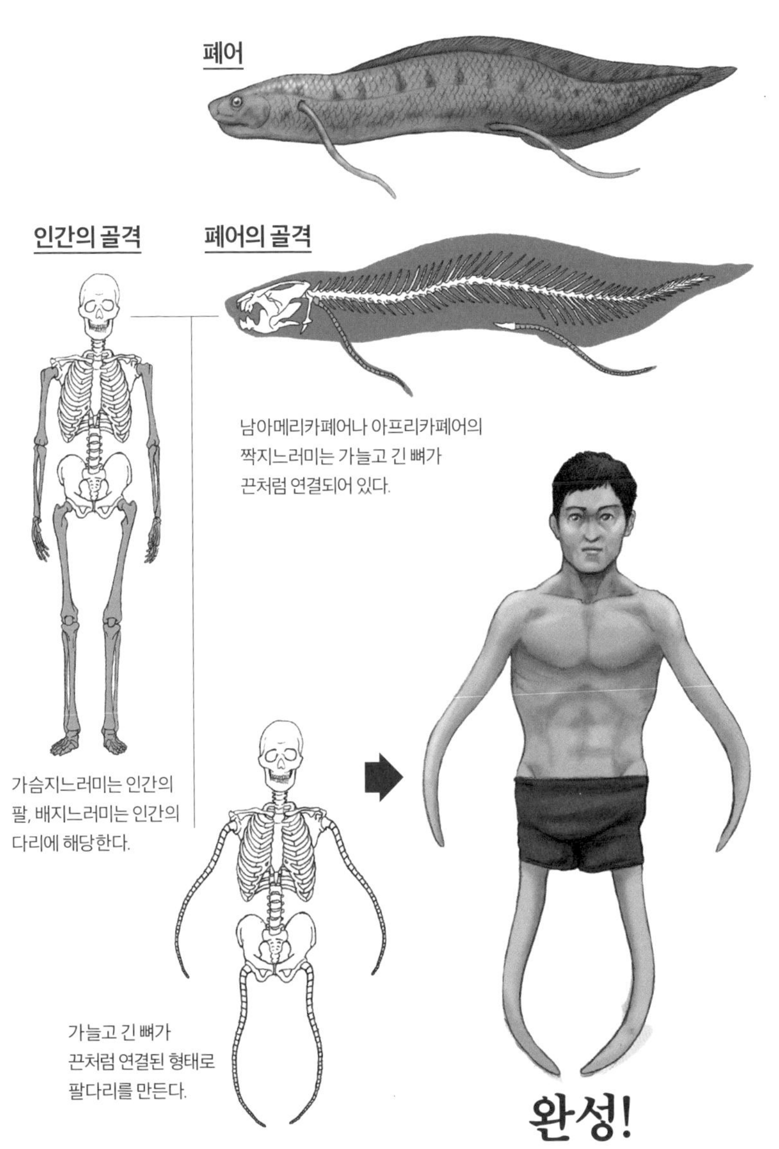

물이 없는 계절에는 땅속에서 '여름잠'을

폐어는 약 4억 년 전, 어류의 황금 시대라고도 불리는 데본기에 나타나 다종 다양하게 번성한 그룹으로 화석을 통해 알려져 있습니다. 그러나 오늘날 폐어의 종수는 크게 줄어 4종의 아프리카폐어(프로토프테루스속)와 각각 유일종인 오스트레일리아폐어(네오케라토두스속), 남아메리카폐어(레피도시렌속), 등 6종밖에 살아남지 못했지요. 그림❶

폐어는 다른 물고기처럼 아가미도 가지고 있지만, 호흡은 그 이름처럼 주로 폐(허파)로 하는 물고기입니다. 경골어류는 소화 기관의 일부가 부풀어 공기를 저장하는 주머니인 '부레'를 가지고 있는데, 폐어는 부레가 허파로 변해 공기 호흡이 가능해졌습니다.

다만 오늘날의 폐어 중에서 원시적인 형태로 알려진 오스트레일리아폐어는 짝지느러미(가슴지느러미, 배지느러미)가 다른 물고기와 같이 나뭇잎 형태이며, 허파도 그렇게 발달하지 못해 산소 공급을 상당 부분 물속 아가미 호흡에 의존하기에 땅 위에서 지낼 수는 없습니다.

한편 짝지느러미가 채찍과 같은 형태인 남아메리카폐어와 아프리카폐어는 허파가 많이 발달해 있어서 충분히 허파 호흡이 가능합니다. 때문에 건기에 물이 말라붙게 된 지방에서는 우기가 되어 다시 물이 풍부해질 때까지 땅속에서 '여름잠'이라는 휴면 상태로 지낼 수 있지요. 다른 동물의 겨울잠처럼 신진 대사를 극단적으로 낮추고, 꼬리에 비축해 둔 지방으로 다음 우기까지 버티는 것입니다. 그림❷

그림❶ 폐어의 종류

오스트레일리아폐어

(네오케라토두스)

실러캔스처럼 두툼한 근육질의 지느러미를 가지고 있으며 아가미로 호흡한다.

아프리카폐어

(프로토프테루스)

지느러미가 퇴화해 가늘고 길며 폐로 호흡한다.

그림❷ 아프리카폐어, 남아메리카폐어의 여름잠

우기

물속에서 지낼 때는 수면에 얼굴을 내놓고 호흡한다.

건기

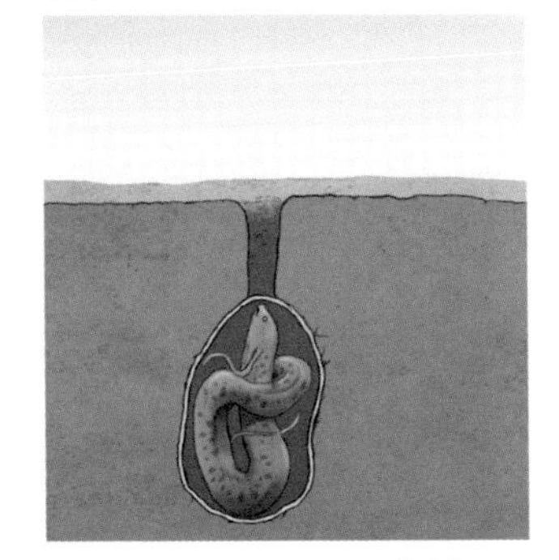

물이 없는 시기에는 땅을 파고 점액과 진흙으로 만든 고치 속에서 지낸다. 겨울잠을 자는 동물들과 마찬가지로 신진 대사를 극단적으로 낮춰서 에너지 소비를 줄인다.

어류

실러캔스

Lungfish

실러캔스는 인간의 팔다리처럼 뼈와 근육이 있는 두툼한 지느러미를 가지고 있습니다. 지느러미는 전부 10장으로, 인간의 팔다리에 해당하는 짝지느러미(가슴지느러미와 배지느러미) 4장, 그리고 인간에게는 없는 등지느러미 3장, 엉덩이지느러미 2장, 꼬리지느러미 1장으로 이루어집니다.

How to

실러캔스 인간 만드는 법

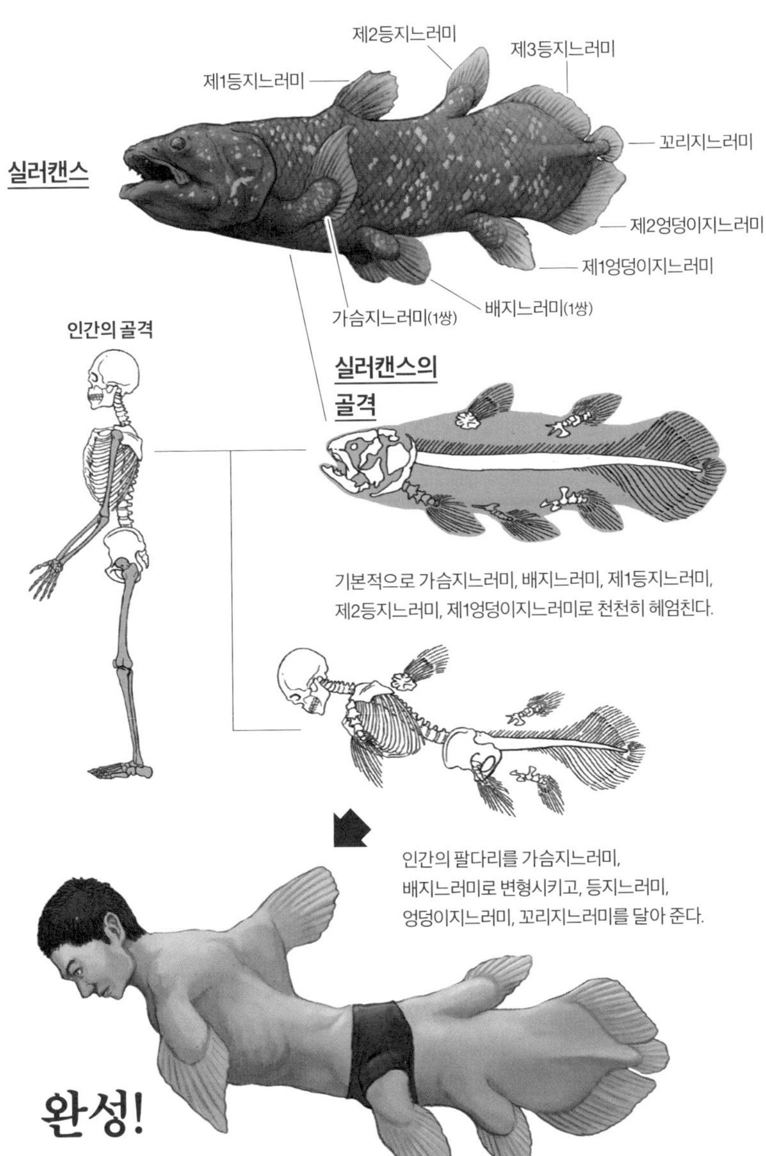

멸종한 줄로만 알았던 환상의 물고기

실러캔스는 수심 200미터의 바다에서 서식하는 심해어입니다. 흔히 '살아 있는 화석'이라고도 부르는데, 발견된 것은 비교적 최근이지요. 1938년 남아프리카 동북해안 앞바다에서 처음 포획될 때까지는 화석으로밖에 그 존재가 알려지지 않았고, 공룡이나 암모나이트처럼 6600만 년 전 대량 멸종 시대에 사라진 것으로 추정하던 생물입니다. 때문에 살아 있는 실러캔스는 세기의 대발견으로서 전 세계를 놀라게 했습니다.

실러캔스와 그 친척들은 지금으로부터 4억 년 전에 나타났습니다. 오늘날의 실러캔스는 라티메리아속(*Latimeria*) 2종뿐이며 심해에서 서식합니다. 그러나 화석으로 알려진 먼 옛날의 실러캔스는 90종 정도로, 얕은 바다에서 강이나 호수까지 폭넓은 수역에서 서식했지요.

그러다가 6000만 년 전부터 실러캔스와 그 친척들의 화석이 더는 발견되지 않았기 때문에 멸종했다고 보았던 것입니다. 지금은 실러캔스와 그 친척들이 이때부터 심해에만 서식했기에 화석으로 남지 않은 것으로 추정합니다. 실러캔스가 사는 수심 200미터 정도의 환경은 대형 상어 같은 천적이 없어서 원시의 모습 그대로 오늘날까지 살아남은 모양입니다. 서식하는 생물이 상대적으로 적은 심해는 먹잇감을 놓고 경쟁하거나, 천적이 되거나 할 상대도 별로 없어서 원시 생물도 살아남는 경향이 있습니다.

4억 년 전 실러캔스와 그 친척들이 나타났다.

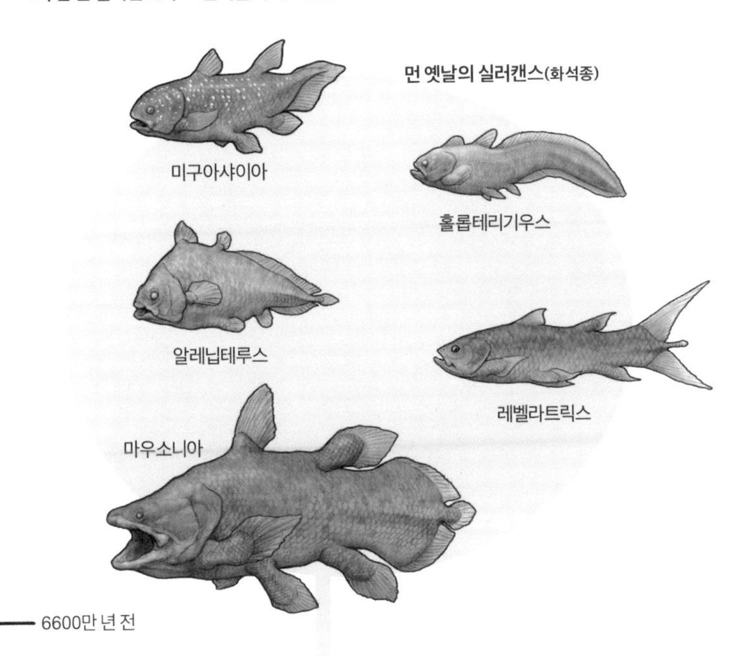

이때부터
실러캔스의 화석이 발견되지 않았다.

오늘날의 라티메리아

1938년, 살아 있는
상태로 발견되었다.

현재

Column.1 과도기의 동물① 어류에서 양서류로

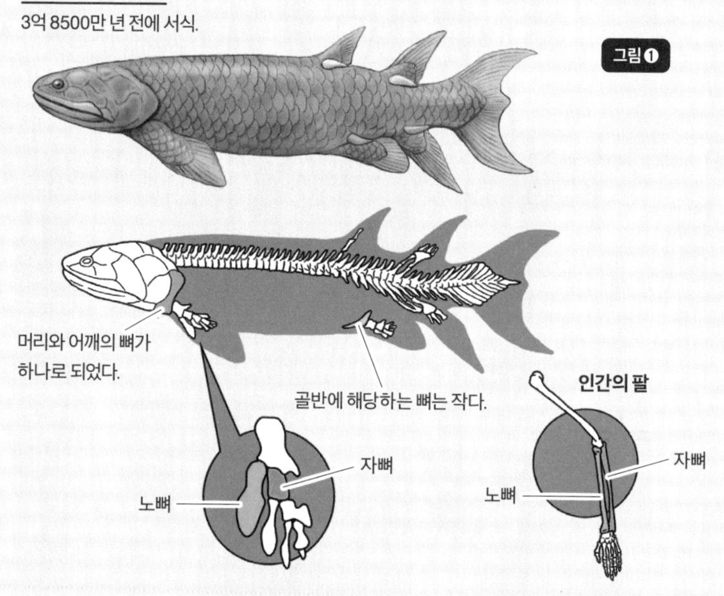

에우스테놉테론과 틱타알릭

어류에서 네발동물(양서류)로, 등뼈동물이 육상 생활에 적응하는 가교가 된 것이 육기류입니다. 당시 육기류 중 에우스테놉테론(*Eusthenopteron*)이라는 몸길이 60센티미터 정도의 물고기가 있었지요. 이 에우스테놉테론의 가슴지느러미에서 위팔뼈, 자뼈, 노뼈 같은 뼈가 확인되었습니다. 이 뼈들은 인간으로 치면 팔뼈로, 위팔뼈는 위팔, 자뼈와 노뼈는 팔꿈치에서 손목까지의 뼈에 해당하지요. 그림① 다시 말해 에우스테놉테론의 겉모습은 물고기처럼 생겼지만, 가슴지느러미는 구조적으로 인간의 팔에 가깝습니다.

에우스테놉테론보다도 네발동물을 향해 한 걸음 더 근접한 육기류로는 틱타알릭(*Tiktaalik*)이 있습니다. 틱타알릭의 가슴지느러미는 위팔뼈와 노뼈, 자뼈

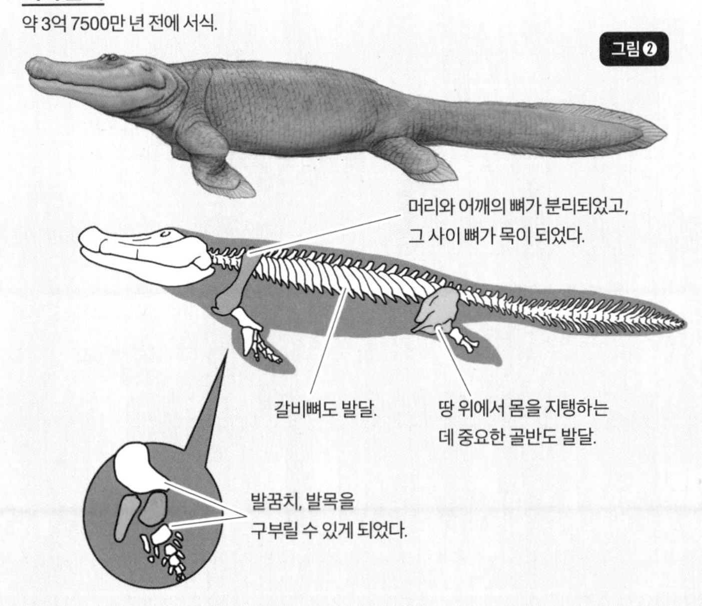

사이 관절, 즉 팔꿈치가 유연하게 구부러질 뿐만 아니라 손목도 구부러져서, 지느러미 끝을 지면에 밀착시켜 팔굽혀펴기와 같은 동작이 가능했지요. 이처럼 지느러미로 몸을 지탱할 수 있게 됨에 따라 육상 보행에 한 걸음 더 근접한 것입니다. 게다가 틱타알릭은 물고기답지 않은 특징도 몇 가지 가지고 있었습니다. 우선 머리가 악어와 같이 납작했고, 눈은 물고기와 같이 측면이 아니라 머리 꼭대기에 붙어 있습니다. 또한 어류는 기본적으로 머리와 어깨가 붙어 있지만, 틱타알릭은 머리와 어깨가 떨어져 있어서 그 사이 잘록한 부분, 다시 말해 '목'이 존재했습니다! 그림❷ 또한 동체 기준축의 등지느러미와 꼬리지느러미도 사라졌지요. 이 정도면 이제 물고기라는 인상은 상당히 희박할 지경입니다.

그림 ❸

이크티오스테가

3억 6500만 년 전에 서식.

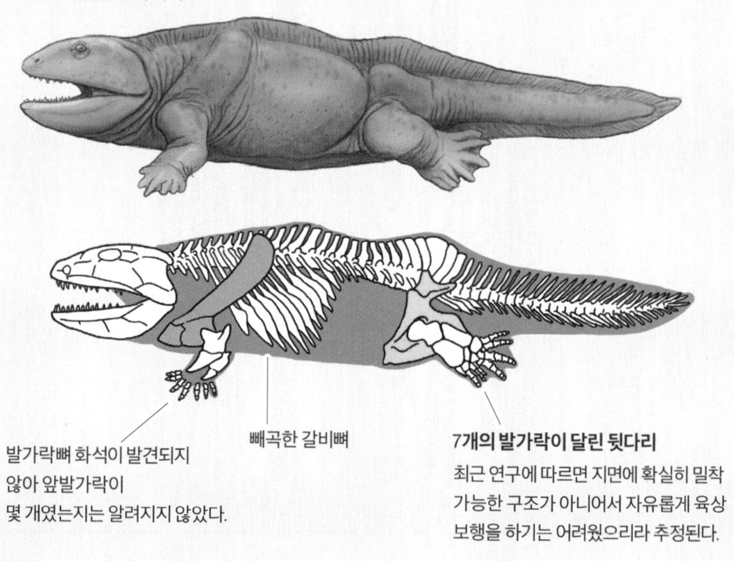

이크티오스테가

이크티오스테가(*Ichthyostega*)는 틱타알릭보다도 한층 더 네발동물에 근접한 생물입니다. 흔히 최초의 네발동물이라고도 불립니다. 이크티오스테가는 지느러미가 다리로 변화했는데, 뒷다리에는 7개의 발가락이 달린 것으로 확인되었습니다. 안타깝게도 앞발은 발가락뼈 화석이 발견되지 않아 발가락의 존재 여부는 알려지지 않습니다. 한편 갈비뼈는 굵고 서로 밀착해 튼튼한 구조를 이루고 있었지요. 이는 물속에서 몸을 구불거려 헤엄치기에는 불리해도 땅 위에서 받는 중력으로부터 내장을 지키는 데에는 유리했기 때문에, 이크티오스테가는 육상 생활을 했으리라 추정됩니다. 다만 뒷다리 구조가 지면을 확실히 딛기에는 부실해 보여, 자유롭게 육상 보행을 할 정도는 아니었던 모양입니다. 그림 ❸

Chapter.2

양서류 · 파충류

Amphibian reptiles

최초의 네발동물 · 양서류

최초로 물속에서 땅 위로 이주한 생물은 식물과 진드기, 톡토기 같은 절지동물입니다. 그들이 본격적으로 상륙한 지 약 4000만 년 후 등뼈동물 중 최초로 등장한 것이 양서류이지요. 등뼈동물은 몸이 클 뿐만 아니라 절지동물처럼 신체 구조가 단순하지 않아서, 육상 생활에 적합하도록 몸을 바꾸는 과정에 시간이 걸린 것인지도 모릅니다.

땅 위로 올라온 최초의 양서류는 이크티오스테가(50쪽 참조)였지만, 발가락이 7개인 뒷다리는 보행에 적합하지 않았기 때문에 수중 생활에 더 의존했을 것으로 추정됩니다. 그 뒤 석탄기로 들어서서 지금으로부터 약 3억 5000만 년 전, 페데르페스(*Pederpes*)라는 양서류가 나타났습니다. 이 생물의 발가락은 5개로, 앞

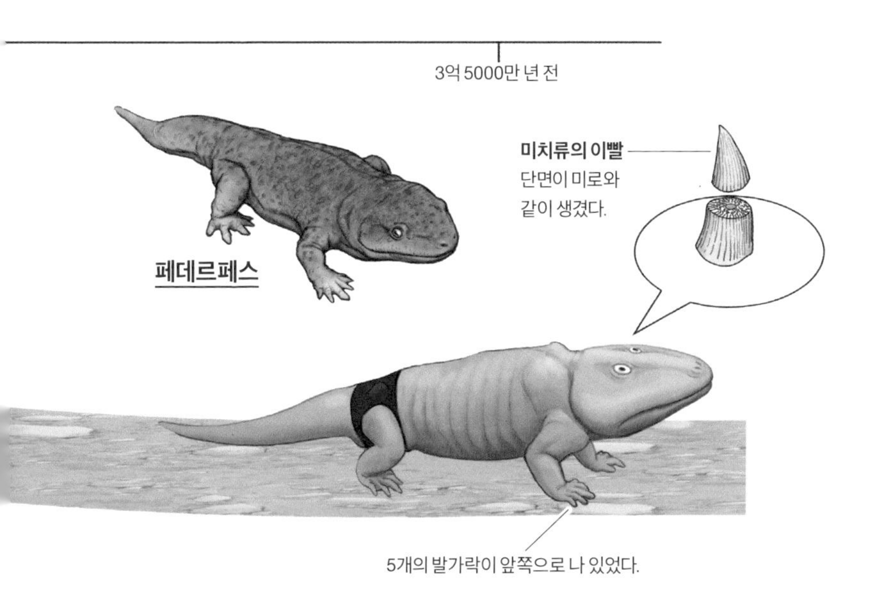

쪽으로 나 있었지요. 비로소 본격적인 육상 보행이 가능해진 것입니다.

양서류는 다른 생물보다 몸집이 커서 땅 위에는 천적이 없었습니다. 비록 물이 있는 환경에서 멀리 떨어질 수 없다는 약점이 있었지만, 당시에는 악어 같은 파충류도 없었기 때문에 물가에서 제왕으로 군림했던 모양입니다. 그들은 날카로운 이빨 표면에 에나멜질이 복잡하게 접히듯이 굳어, 그 단면이 마치 미로와 같이 보이는 특징으로 인해 '미치류(Labyrinthodontia)'로 불립니다. 그러나 그 뒤 악어와 그 친척들이 나타나자 생존 투쟁에서 패배, 약 1억 년 전에 멸종했습니다.

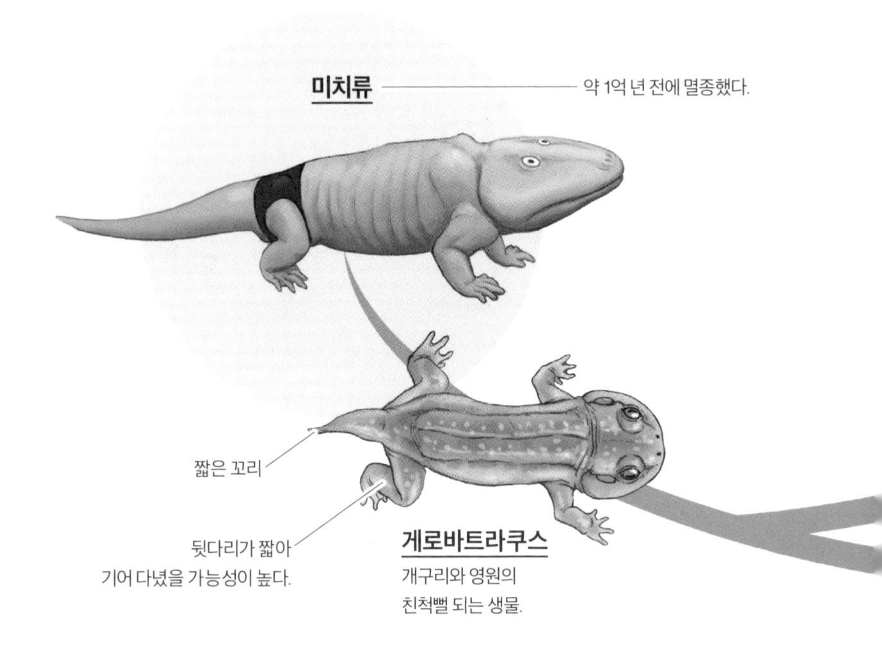

개구리와 영원의 공통 조상

약 1억 년 전 자취를 감춘 미치류 중에는 추정치 9미터나 되는 거대한 종도 존재했던 모양이지만 결국 멸종하고, 오늘날에는 개구리나 영원 등 '진양서류'라고 불리는 그룹만이 남아 있습니다.

멸종한 미치류 중 개구리와 영원 등 오늘날의 양서류로 이어지는 종이 있습니다. 바로 페름기 중기인 2억 9000만 년 전에 서식하던 양서류, 게로바트라쿠스(*Gerobatrachus*)입니다. 몸집이 큰 종이 많았던 미치류이지만 게로바트라쿠스는 불과 11센티미터 정도의 크기로, 오늘날의 양서류와 거의 다르지 않은 크기였습니다. 게로바트라쿠스의 화석은 1995년 미국 텍사스 주에서 발견되었는데, 2008년이 게로바트라쿠스가 개구리(무미목)와 영원(유미목)의 공통 조상이라는 발표가

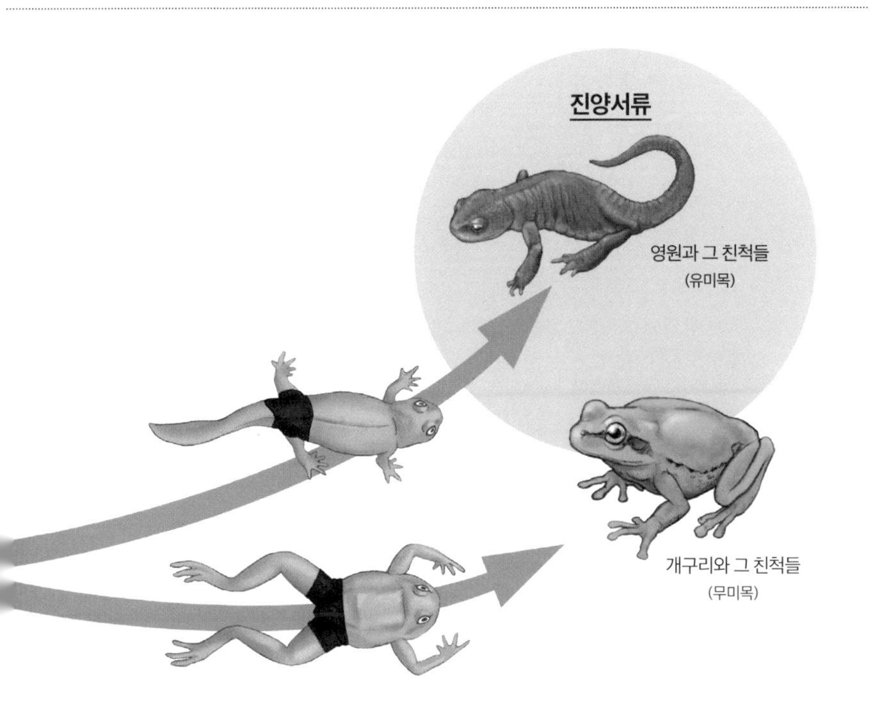

있었습니다.

개구리와 영원의 공통 조상인 만큼 게로바트라쿠스는 양자의 특징을 고루 갖추었습니다. 납작한 머리와 귀 구조는 개구리를 닮았지만, 등뼈 개수는 개구리(등뼈가 적다.)와 영원(등뼈가 많다.)의 중간 정도입니다.

한편으로 게로바트라쿠스는 꼬리가 없는 개구리(와 그 친척들)와 긴 꼬리를 가진 영원(과 그 친척들)의 중간과도 같이 짧은 꼬리를 가지고 있었던 모양입니다. 다리는 개구리 뒷다리처럼 길지는 않아서 폴짝폴짝 뛰어다닐 수는 없었던 모양이며, 영원과 같이 기어 다니고 헤엄쳤으리라 추정됩니다.

양서류 · 파충류

영원

Newt

우리 인간의 다리는 몸통에서 수직으로 뻗어 있어 직립 보행을 합니다. 한편 영원을 비롯한 양서류나 파충류는 몸통에서 수평으로 다리가 뻗어 있어 기어 다니지요. 또한 우리는 손가락이 5개 있지만, 영원이나 개구리 등 양서류의 앞발가락은 4개뿐입니다.

How to

영원 인간 만드는 법

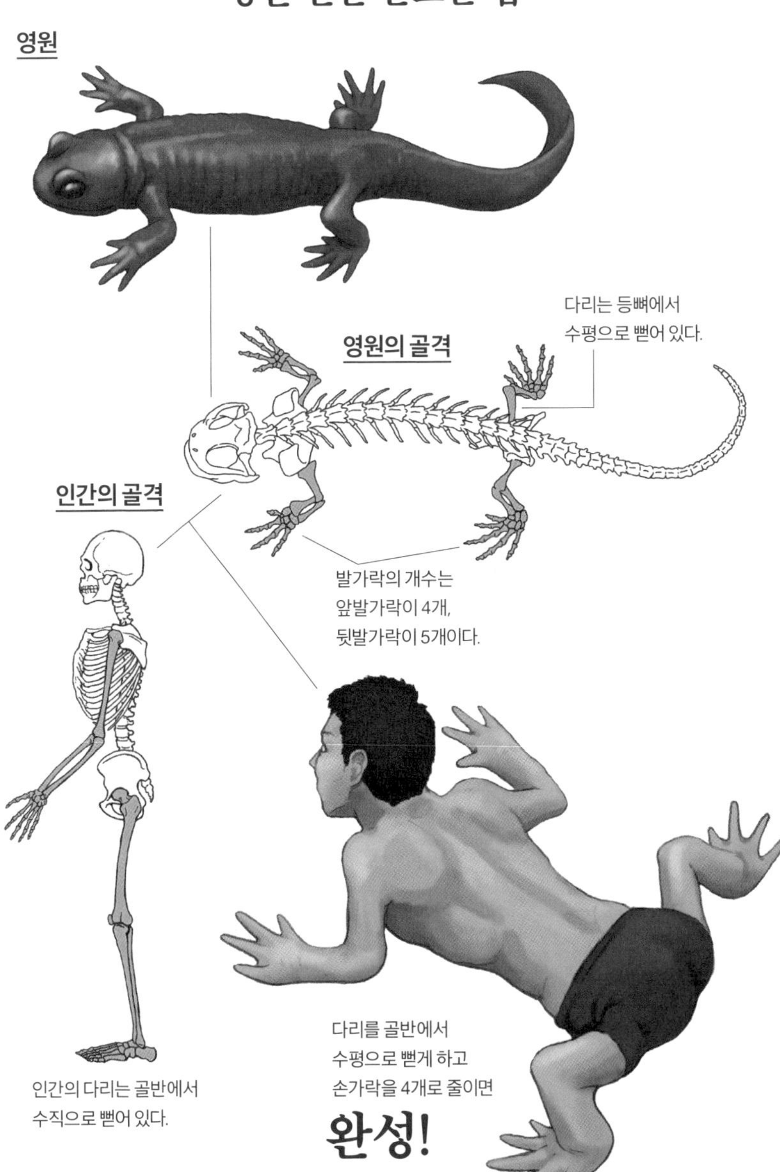

4개의 앞발가락

우리 인간은 손가락 5개, 발가락 5개가 있습니다. 반면에 영원이나 개구리 등 양서류의 뒷발은 인간처럼 발가락이 5개 있지만, 앞발은 발가락이 4개밖에 없습니다. 이크티오스테가 등 초기 네발동물은 6~8개의 발가락을 가지고 있었지만, 그림❶ 그 뒤 진화를 거치며 기본적으로 5개의 발가락을 가지게 되었지요. 양서류의 앞발가락은 그보다 1개 모자랍니다. 오늘날의 양서류는 앞발가락이 4개지만, 먼 옛날 양서류의 앞발가락은 원래 5개였습니다. 이미 멸종한 양서류 중 커다란 비중을 차지했던 미치류 중에서도 오늘날의 양서류와 가까웠다고 추정하는 분추류(Temnospondyli)의 앞발가락이 4개로, 오늘날의 양서류는 그 후예인 셈입니다. 그림❷

한편 오늘날의 파충류는 양서류와 달리 앞발에도 인간처럼 발가락이 5개 있습니다. 파충류는 양서류로부터 진화했는데, 미치류 중에는 분추류 외에도 탄룡류(Anthracosauria)라는 그룹이 있어 이들이 파충류 등 유양막류로 이어지는 그룹이라고 합니다. 이들 역시 오늘날의 파충류처럼 앞발에 발가락이 5개 있었습니다. 그림❸

이처럼 먼 옛날의 양서류 중 개구리나 영원 등 오늘날의 양서류로 이어지는 그룹과 도마뱀이나 악어, 뱀, 거북이 등 파충류로 이어지는 그룹은 비교적 일찍 나뉜 것으로 추정됩니다.

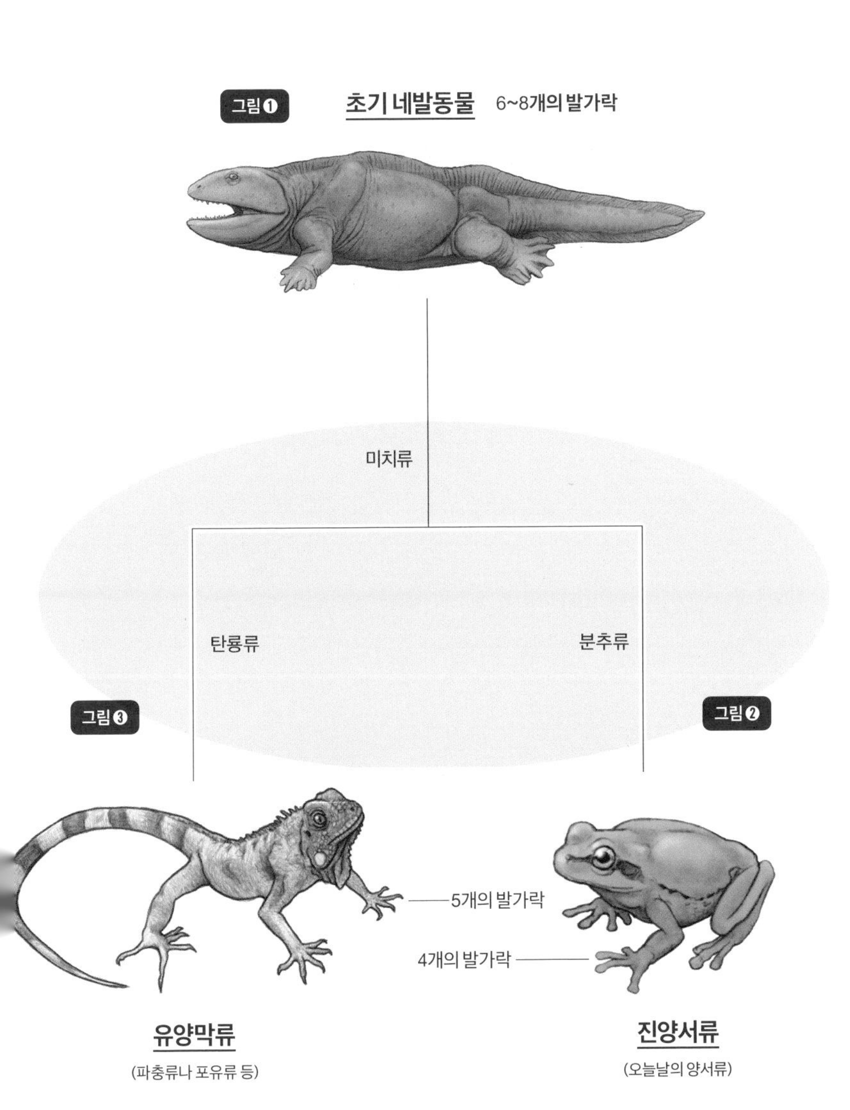
그림 ❶
초기 네발동물 6~8개의 발가락
미치류
탄룡류
분추류
그림 ❸
그림 ❷
5개의 발가락
4개의 발가락
유양막류
(파충류나 포유류 등)
진양서류
(오늘날의 양서류)

양서류는 대형 종도 존재하는 지배적인 생물이었지만,
산란은 물속에서 했기 때문에 물가에서 멀리
떨어지지 못하고 땅 위 서식 범위가 한정적이었다.

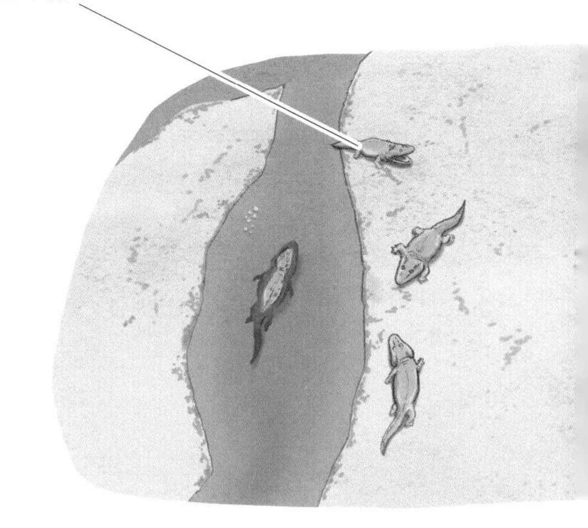

그림❶

양서류의 알

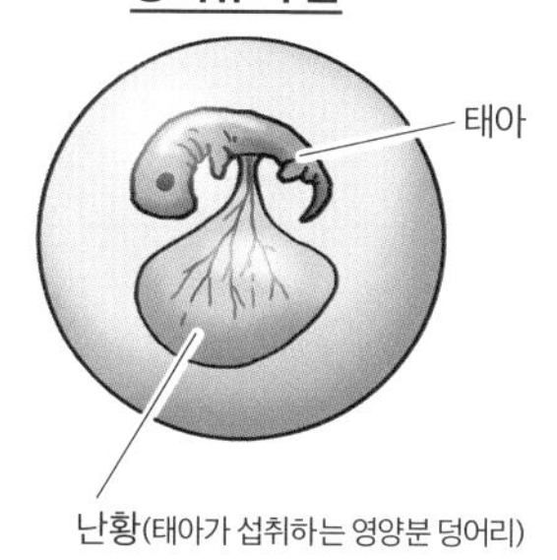

파충류의 출현

육기류의 지느러미가 다리로 변화한 양서류가 땅 위로도 서식 범위를 넓히게 된 지 약 5000만 년 후, 파충류가 나타났습니다. 화석으로 알 수 있는 가장 오래된 파충류는 지금으로부터 3억 1500만 년 전에 서식하던 힐로노무스(*Hylonomus*)로, 30센티미터 정도 크기의 도마뱀과 비슷하게 생긴 생물이었습니다. 파충류는 양서류와 어떤 점이 달라진 걸까요?

큰 차이 중 하나는 땅 위에서 산란이 가능해졌다는 점입니다. 어류나 양서류의 알은 보통 물속에서 산란, 부화하기 때문에 알 속의 태아는 물속에서만 자랄 수 있습니다. 그림❶ 한편 땅 위에서 산란이 가능해진 파충류의 경우 알 속의 태아는 양수로 가득한 '양막'이라는 주머니, 말하자면 물이 담긴 캡슐 속에서 자라지

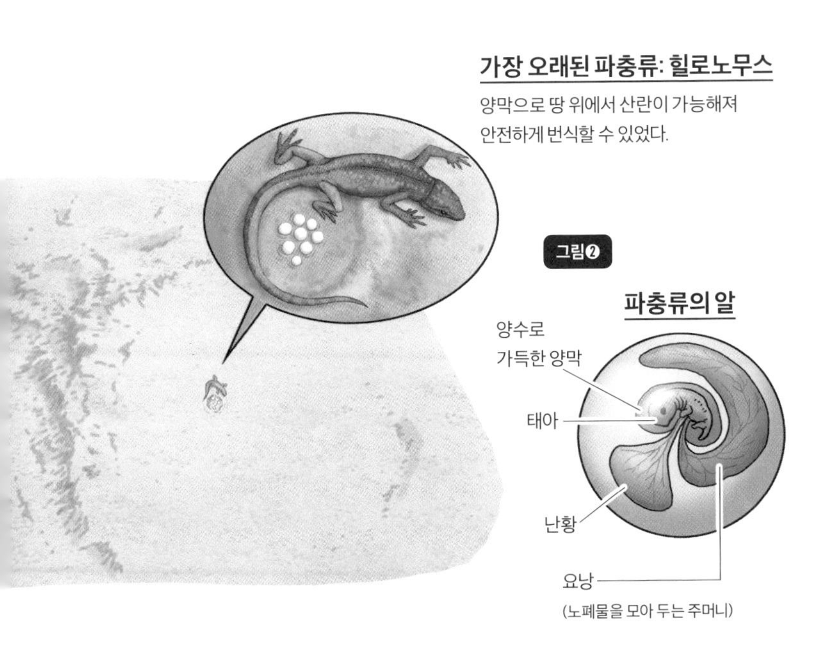

요. 그림❷ 이 시스템으로 건조한 땅 위에서도 태아가 어느 정도까지는 알 속에서 성장하다가 부화하는 일이 가능해진 것입니다. 이 같은 방식으로 가장 오래된 파충류, 힐로노무스는 땅 위에서 번식할 수 있었습니다.

당시 대형 양서류는 강력한 포식자였지만, 물속에서만 알을 낳느라 물가에서 멀리 떨어질 수가 없었습니다. 몸집이 작은 힐로노무스에게 대형 양서류는 위협적인 존재였지만, 양서류가 있는 물가에서 멀리 떨어진 땅 위에서 알을 낳아 안전하게 번식할 수 있었던 점이 이후 파충류의 번성으로 이어진 것입니다.

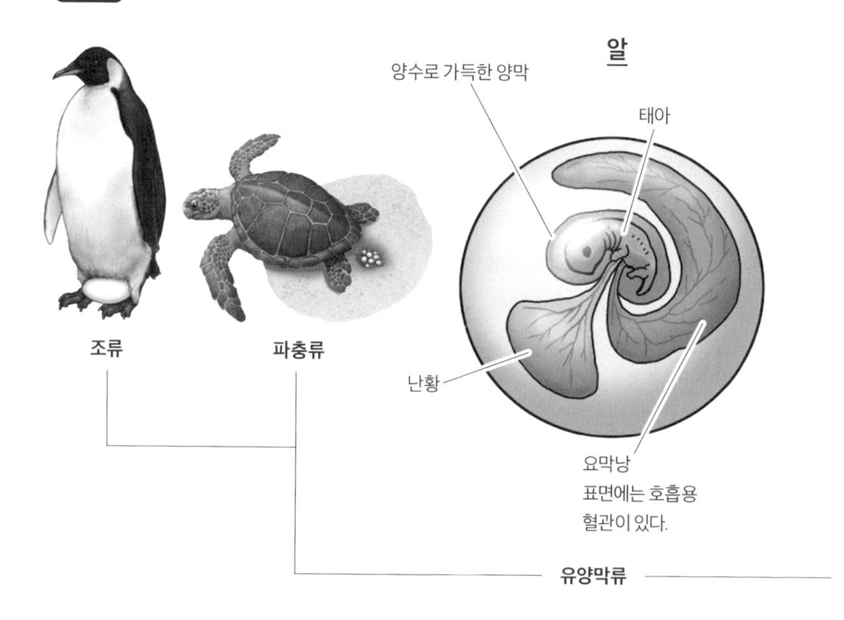

알에서 자라는 태아, 태내에서 자라는 태아

태아를 물이 감싸고 있는 양막 시스템은 파충류뿐만 아니라 파충류로부터 파생된 조류, 그리고 포유류 역시 가지고 있습니다. 때문에 파충류, 조류, 포유류를 통틀어 '유양막류'로 분류하지요. 유양막류는 물가에 의존하지 않고 생활의 무대를 육지로, 내륙으로 서식 범위를 점점 넓히며 번성해 나갔습니다.

유양막류의 알 속에는 난황이 있습니다. 모체로부터 받은 영양분으로, 태아는 이것을 섭취하며 자랍니다. 자라는 도중에 노폐물, 다시 말해 소변도 보는데, 그대로 내보내면 양수가 더러워지는 관계로 '요막낭'이라는 주머니로 내보내지요. 그러나 그대로 가다간 알 속에서 요막낭이 점점 부풀어 태아가 질식해 버리게 됩니다. 때문에 태아의 몸에서 요막낭 표면으로 호흡용 혈관을 뻗어 그것으

그림 ❷

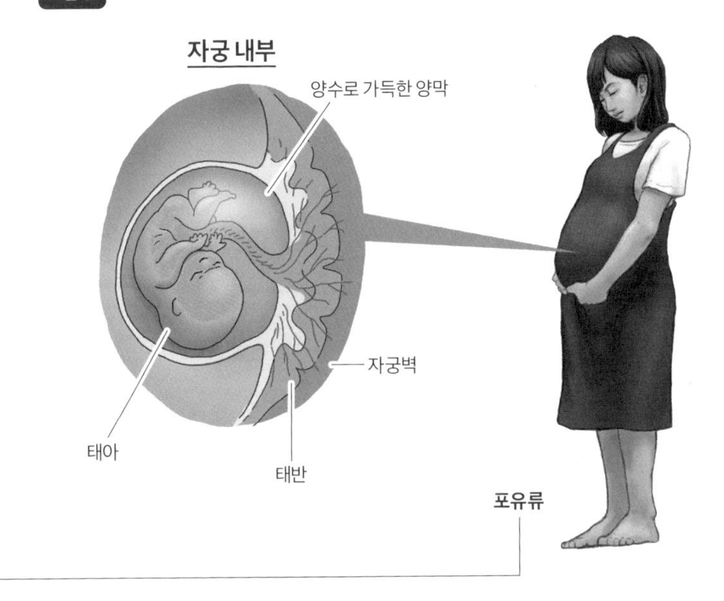

로 산소를 공급하게 되어 있지요. 그림 ❶

한편 난생 동물인 파충류 · 조류와 달리 포유류는 원시적인 종을 제외하면 모체의 자궁 내부에서 태아가 자라는 '태생' 동물입니다. 그중에서도 우리 인간을 비롯한 유태반류(Placentalia)의 경우, 태아는 호흡용 혈관이 있는 요막낭을 모체의 자궁벽에 직결시켜 태반을 만들지요. 영양분 섭취나 산소 공급뿐만 아니라 노폐물 처리도 모체에 전적으로 맡기는 것입니다. 그림 ❷

양서류 · 파충류

뱀

Snake

뱀은 입의 위턱과 아래턱 사이에 관절이 2개 있어 입을 크게 벌릴 수 있습니다. 또한 아래턱은 뼈가 좌우로 분리가 가능해 자기 머리보다 커다란 먹잇감도 통째로 삼킬 수 있지요. 통째로 삼킨 먹잇감은 몸속에서 천천히 소화합니다.

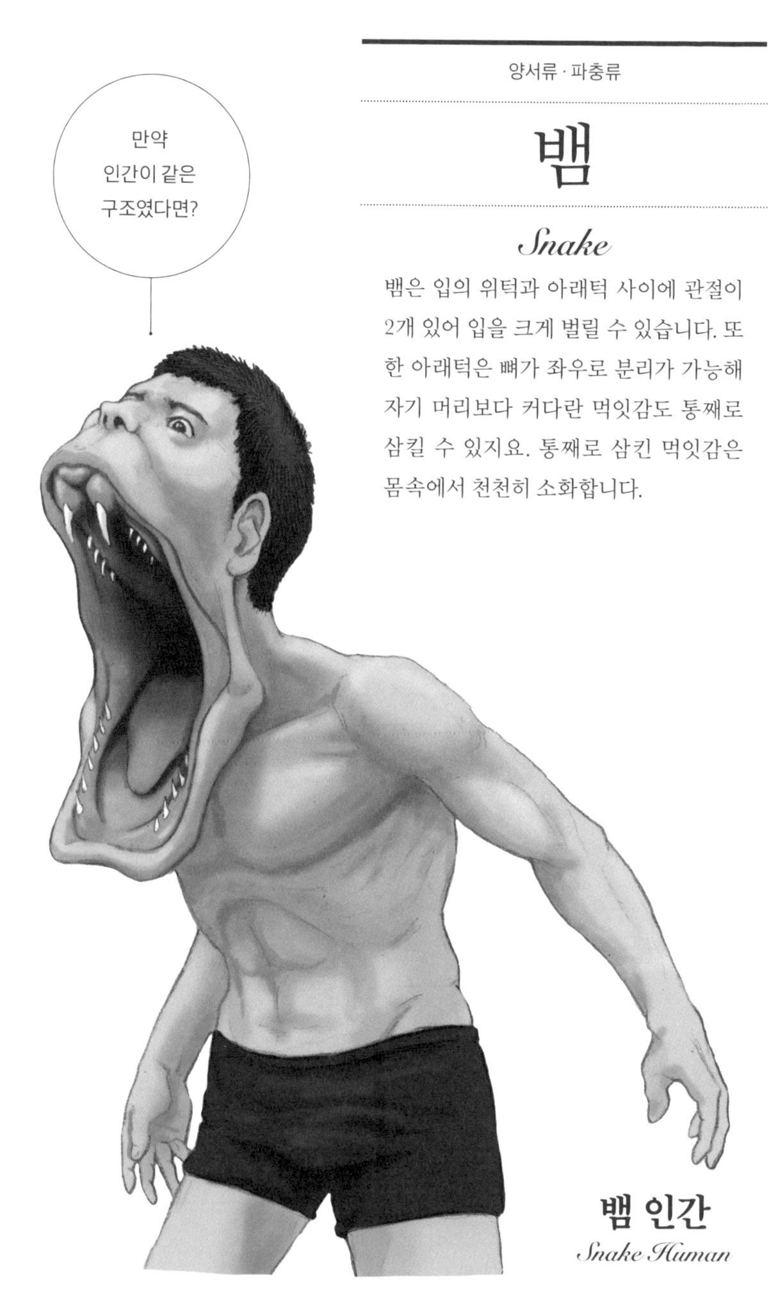

뱀 인간

Snake Human

How to

뱀 인간 만드는 법

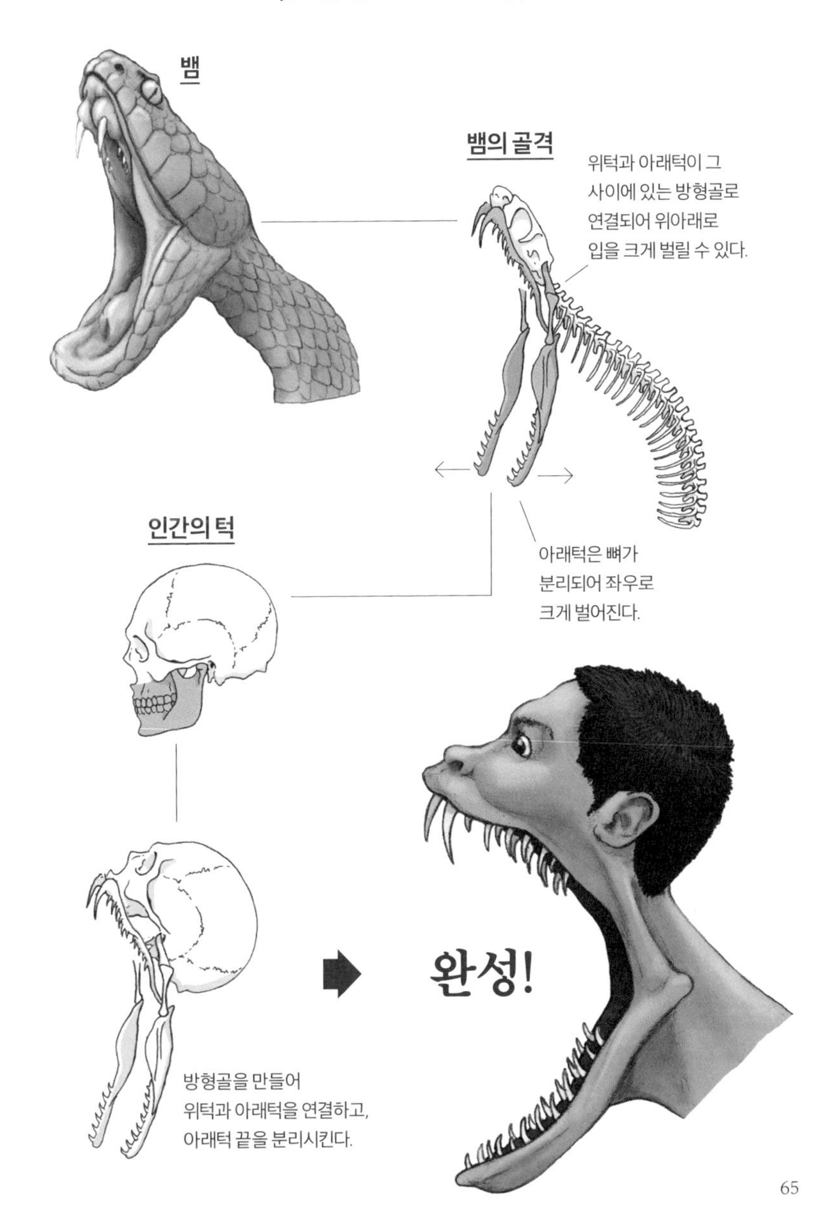

거대한 먹잇감을 통째로 삼키는 턱

약 1억 년 전 도마뱀과 그 친척들로부터 진화한 뱀과 그 친척들은 오늘날 3,000종 이상이 알려져 있습니다. 뱀 하면 가늘고 긴 몸을 구불거려 땅을 기는 모습이 먼저 떠오르지만, 나뭇가지를 붙들고, 나무를 기어오르고, 헤엄치고, 바위틈이나 땅굴 등 좁은 곳을 드나드는 데에도 그 가늘고 긴 몸은 몹시 편리합니다.

뱀의 눈은 투명한 비늘로 덮여 있어 깜빡이지 않습니다. 또한 귀가 없이 턱뼈와 몸으로 전해지는 진동으로 소리를 듣지요. 이처럼 뱀은 다른 동물에게서 좀처럼 보기 힘든 면모를 가지고 있지만, 그중에서도 가장 큰 특징은 역시 먹잇감을 통째로 삼키는 섭식 행위입니다. 자기 머리보다 커다란 먹잇감을 통째로 삼키기 위해서 뱀의 머리뼈는 자잘하게 분리되며, 턱관절에는 방형골(quadrate bone)이라는 뼈가 있는데, 이 뼈에 의해 이중 관절이 형성되어 입을 크게 벌릴 수 있습니다. 또한 아래턱은 뼈가 좌우로 분리되는 등, 뱀의 턱은 대단히 유연한 구조입니다. 그림❶

그렇게 통째로 삼킨 먹잇감은 가늘고 긴 몸속을 통과해야 합니다. 뱀은 갈비뼈를 연결하는 복장뼈가 퇴화하고 없어서, 갈비뼈를 좌우로 벌릴 수 있습니다. 그림❷ 이 구조 덕분에 뱀은 자기 몸보다 몇 배나 굵은 먹잇감도 통째로 삼킬 수 있는 것입니다.

그림 ❶

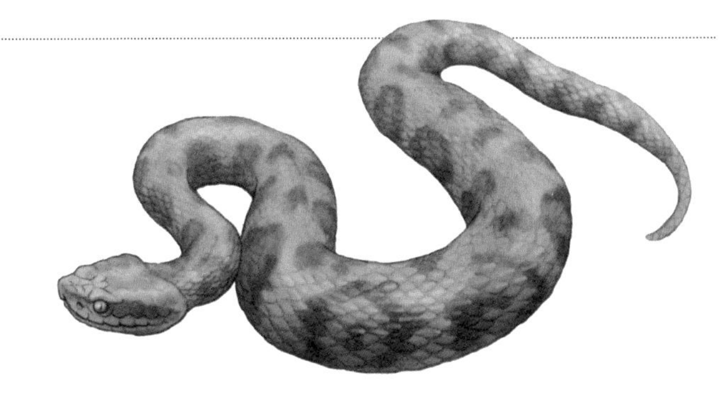

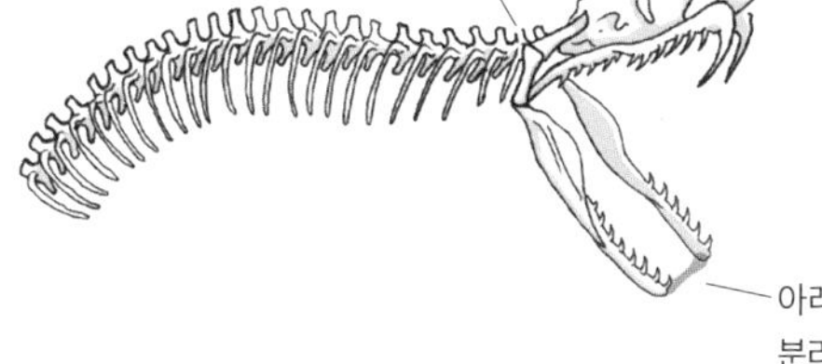
턱 관절이 2중 구조여서
입을 크게 벌릴 수 있다.
아래턱이 좌우로
분리되며 그 사이는
인대로 연결되어 있다.

그림 ❷

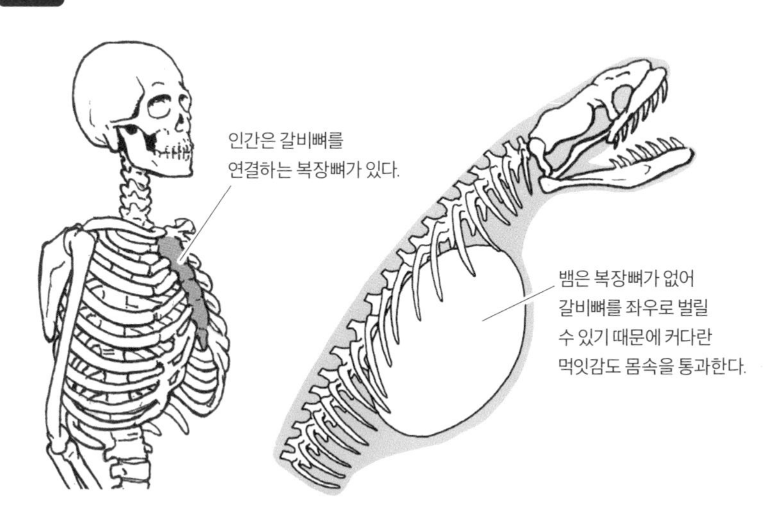
인간은 갈비뼈를
연결하는 복장뼈가 있다.
뱀은 복장뼈가 없어
갈비뼈를 좌우로 벌릴
수 있기 때문에 커다란
먹잇감도 몸속을 통과한다.

카멜레온

Chameleon

카멜레온은 나무 위 생활에 적응한 도마뱀입니다. 발가락은 같은 방향이 아니라, 인간의 손이 엄지손가락과 다른 손가락이 마주 보게 되어 있는 것과 비슷하게 2개의 발가락과 3개의 발가락이 마주 보게 되어 있지요. 발가락이 마주 보게 되어 있는 4개의 다리로 나뭇가지를 붙드는 구조입니다.

만약
인간이 같은
구조였다면?

카멜레온 인간
Chameleon Human

How to

카멜레온 인간 만드는 법

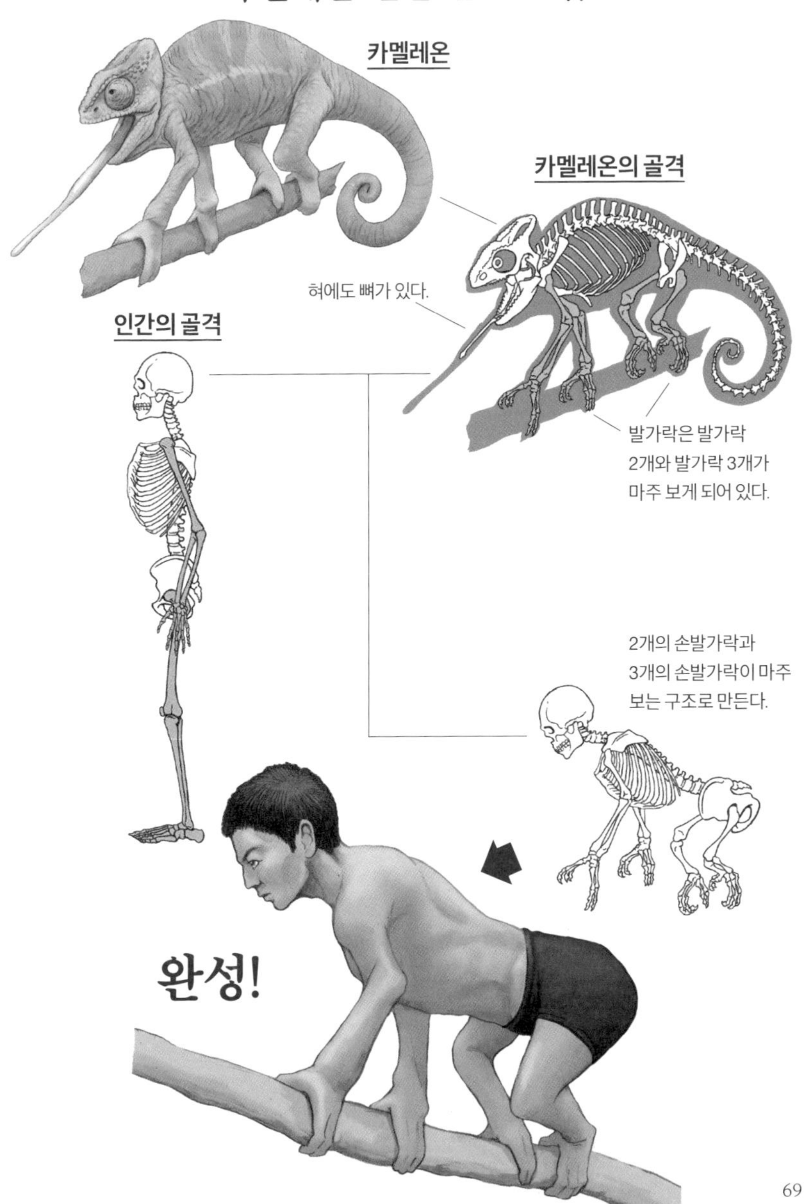

나무 위 생활에 특화된 몸

카멜레온은 도마뱀의 친척으로 분류되지만, 나무 위 생활에 적응한 까닭에 몸의 여러 부위가 특화되어 있습니다. 때문에 다른 도마뱀과는 상당히 다른 모습이지요.

나무에 오르기 유리한 발은 2개의 발가락과 3개의 발가락이 마주 보는 구조로, 나뭇가지를 감싸듯이 붙들 수 있습니다. 또한 꼬리 끝은 빙글빙글 말려 있는데, 이 꼬리를 나뭇가지에 휘감아 몸을 지지하고 안정시키지요. 그림❶ 다른 나뭇가지로 이동할 때는 가지에 꼬리를 휘감아 몸을 안정시킨 다음 다른 나뭇가지로 발을 뻗어 이동하기 때문에, 꼬리는 대단히 중요한 역할을 합니다.

또한 잘 알려져 있듯이 카멜레온은 입에서 자기 몸보다 긴 혀를 뻗어 그 끝의 끈적끈적한 부분에 벌레 같은 먹잇감이 달라붙게 하는 방식으로 사냥합니다. 혀의 밑동 근육은 평소 주름진 호스와 같이 수축되어 있는데, 이것을 단숨에 이완시키면 가늘고 긴 혀가 화살같이 튀어나오게 되지요. 그림❷ 자기 등까지 볼 수 있을 정도로 자유롭게 돌아가는 눈을 좌우 따로따로 움직이는 것 또한 카멜레온과 그 친척들의 특징으로, 덕분에 그들은 사방 360도를 한눈에 볼 수 있습니다. 그림❸

몸의 색은 주변의 색이나 밝기에 따라 변화하지만, 어떤 색으로든 자유롭게 변화하는 것은 아닙니다. 또한 컨디션에 따라 몸의 색이 변하기도 하고, 흥분하면 색이 진해집니다.

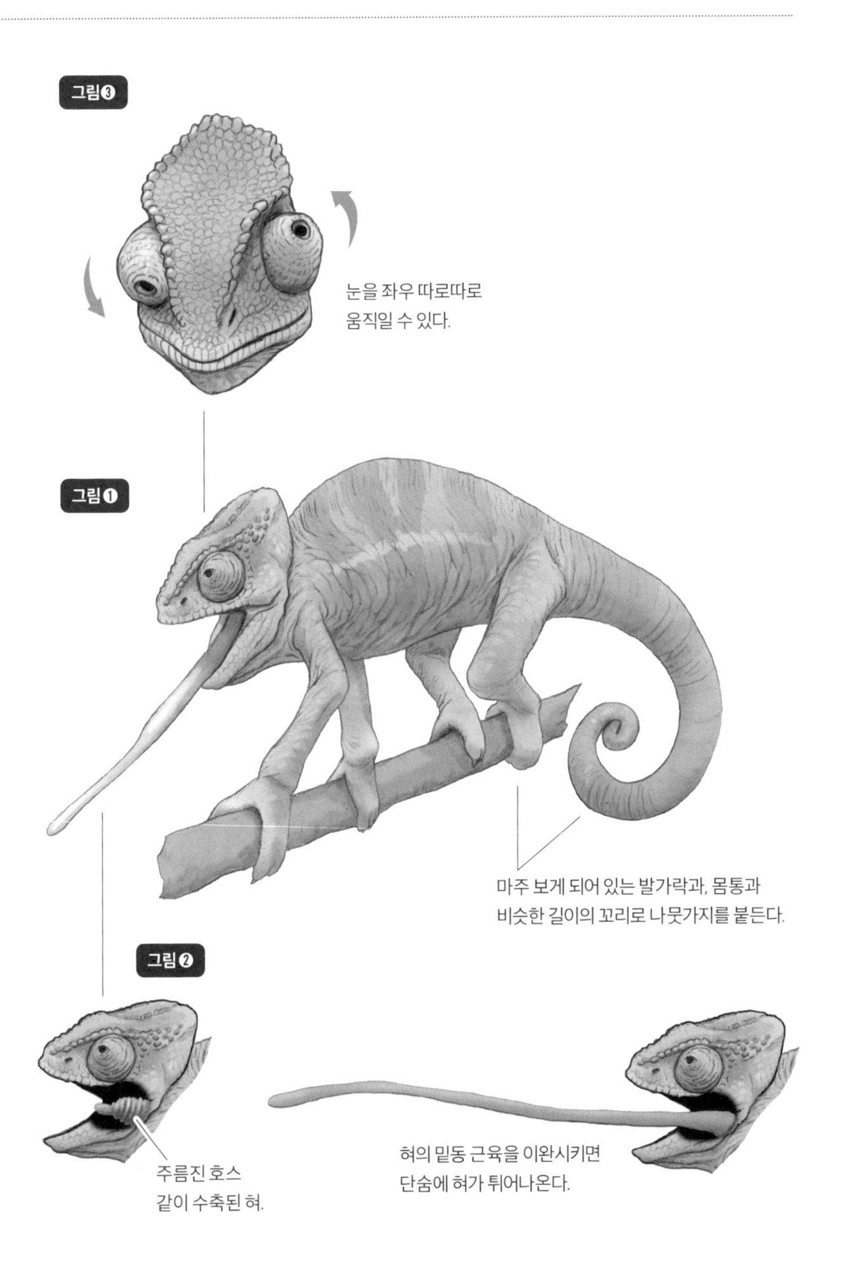
그림❸
눈을 좌우 따로따로
움직일 수 있다.
그림❶
마주 보게 되어 있는 발가락과, 몸통과
비슷한 길이의 꼬리로 나뭇가지를 붙든다.
그림❷
주름진 호스
같이 수축된 혀.
혀의 밑동 근육을 이완시키면
단숨에 혀가 튀어나온다.

양서류 · 파충류

거북

Turtle

거북의 등딱지는 인간으로 치면 갈비뼈라는 사실은 『거북의 등딱지는 갈비뼈』에서 설명했습니다. 갈비뼈 안쪽에 어깨뼈가 있는 거북은 앞다리의 가동 폭이 제한되어 팔꿈치가 앞으로 나오게 됩니다. 때문에 다른 네발동물과는 달리 앞발가락이 안쪽을 향하게 걷지요.

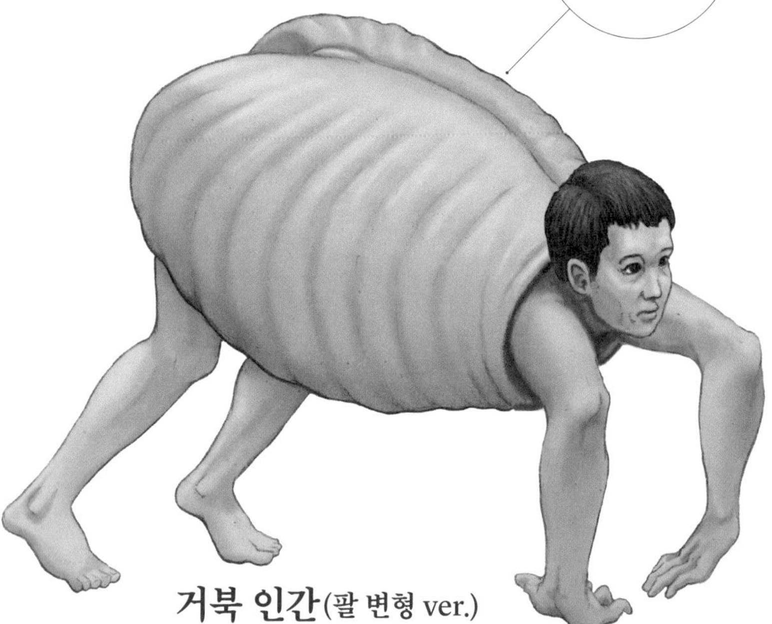

거북 인간(팔 변형 ver.)

Turtle Human

How to

거북 인간(팔 변형 ver.) 만드는 법

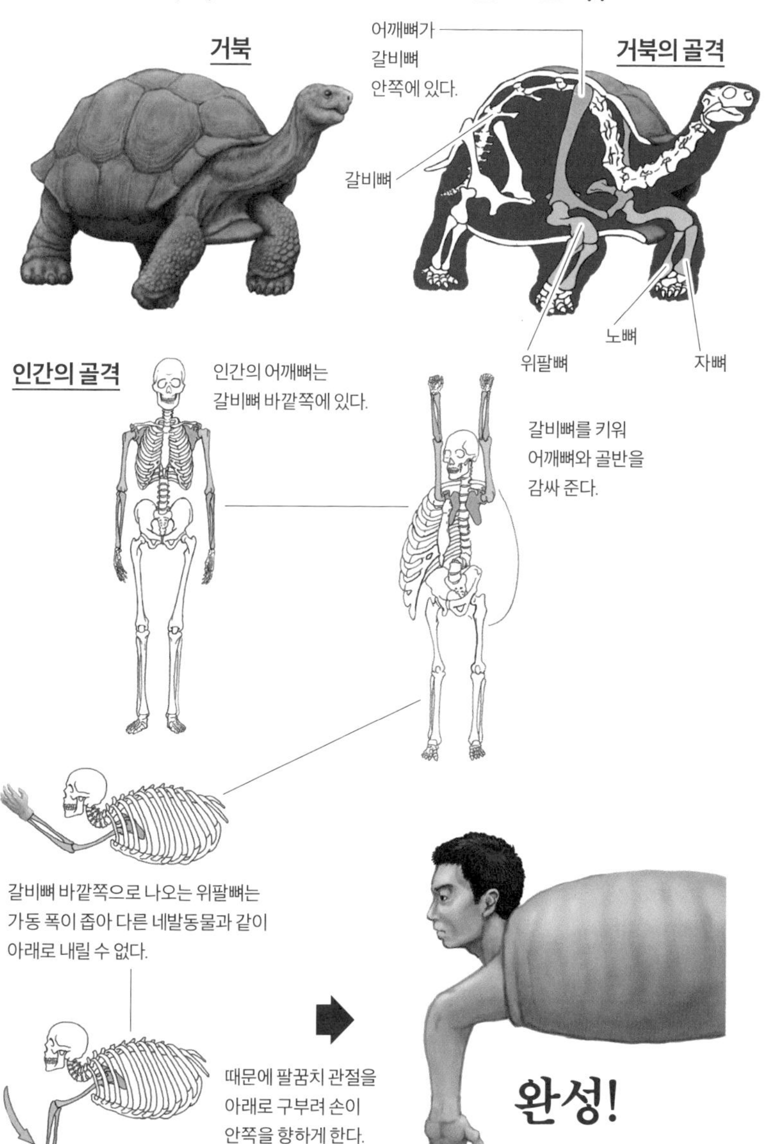

커다란 갈비뼈로 제한되는 앞다리

거북은 천적으로부터 몸을 지키기 위해 갈비뼈를 등딱지로 변화시켰습니다. 목과 다리를 단단한 등딱지 안으로 숨길 수 있게 됨으로써 좀처럼 천적에게 포식당할 일이 없는 몸을 얻은 것입니다. 그러나 등딱지를 얻게 됨으로써 움직임이 제한되는 부분이 생겼으니, 바로 앞다리입니다.

거북 외의 모든 등뼈동물은 어깨뼈가 갈비뼈 바깥쪽에 있지만, 거북은 거의 전신이 갈비뼈에 감싸여 있는 까닭에 어깨뼈도 갈비뼈 안쪽에 있습니다. 때문에 어깨뼈에서 뻗어 나온 앞다리의 가동 폭이 대단히 좁지요. 그래서 거북은 팔꿈치를 앞으로 내밀어 손가락이 안쪽을 향하게 한다는, 다른 네발동물의 관점에서는 대단히 걷기 힘든 자세로 걸어 다닙니다. 그림❶ 그러나 거북은 2억 년 정도나 몸의 구조가 그대로인 만큼, 이 자세로도 걷기 힘들다고 느끼지는 않겠지요.

거북이 걷는 방식은 우리 인간도 재현할 수 있습니다. 먼저 자기 몸에 맞는 파이프를 준비해 어깨까지 쑥 넣습니다. 아마 이 상태에서 네발 자세를 취하기는 어려울 겁니다. 어떻게든 손이 땅에 닿게 하려고 하면 자연히 팔꿈치가 앞으로 나오고 손가락이 안쪽을 향하는 자세가 되지 않을까요? 그림❷ 거북은 항상 이 자세로 걸어 다니는 것입니다.

그림 ❶

── 역관절처럼 보이지만, 발가락이 안쪽을 향한 것뿐이다.

인간의 팔로 거북의 앞다리를 재현

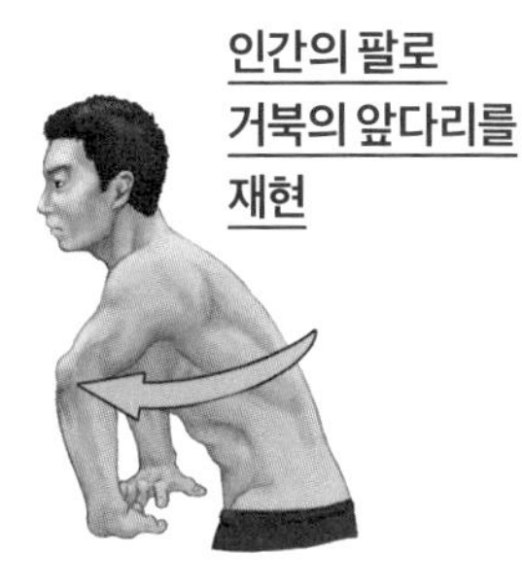

팔꿈치를 앞으로 내민다.

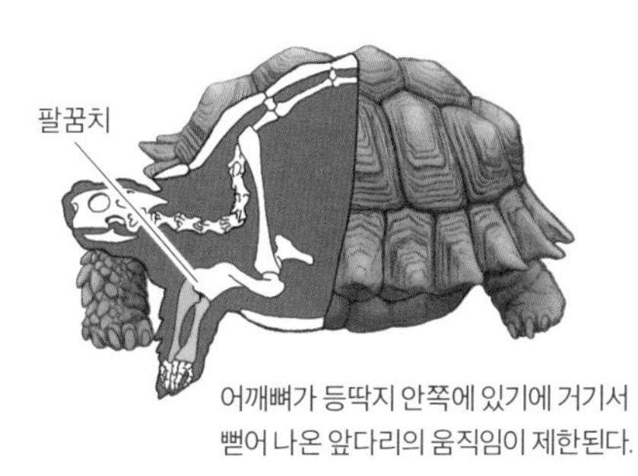

어깨뼈가 등딱지 안쪽에 있기에 거기서 뻗어 나온 앞다리의 움직임이 제한된다.

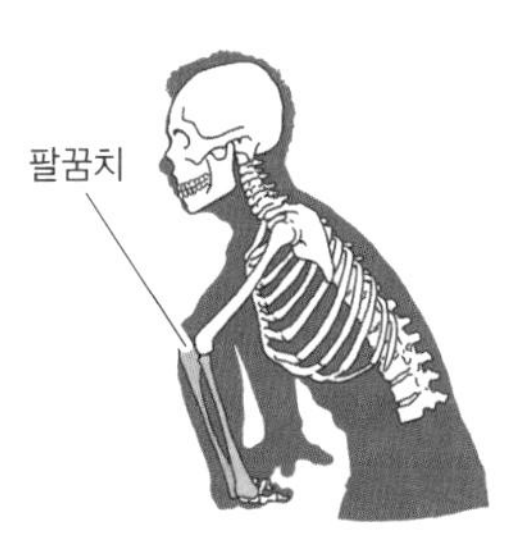

그림 ❷

인간의 몸으로 거북의 앞다리를 재현

거북의 등딱지를 본뜬 파이프에 어깨까지 몸을 쑥 넣어 팔의 움직임을 제한한다.

이 상태에서 손을 지면에 닿게 하려면 손가락은 안쪽을 향하게 된다.

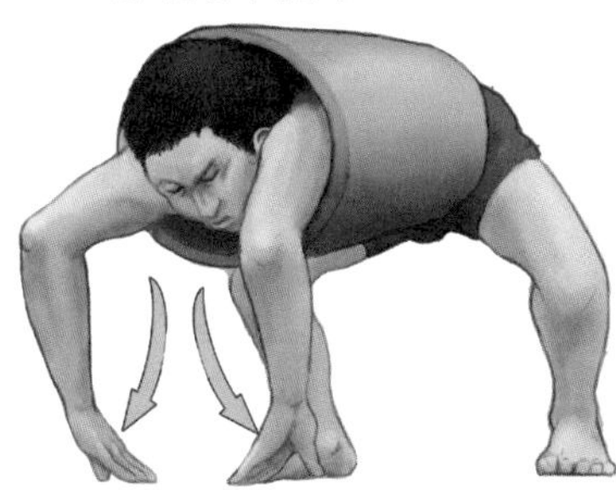

양서류 · 파충류

바실리스크도마뱀

basilisk

바실리스크도마뱀과 그 친척들은 수면을 달리는 도마뱀입니다. 굉장한 속도의 2족 보행으로 긴 뒷다리를 움직여, 한쪽 발이 물에 가라앉기 전에 다른 쪽 발을 내딛기를 고속으로 반복해 물 위에서 어느 정도 거리를 이동할 수 있지요. 중력을 이기지 못하고 몸이 물에 가라앉아도 헤엄을 잘 치기 때문에 문제없습니다.

만약 인간이 같은 구조였다면?

바실리스크도마뱀 인간

Basilisk Human

How to

바실리스크도마뱀 인간 만드는 법

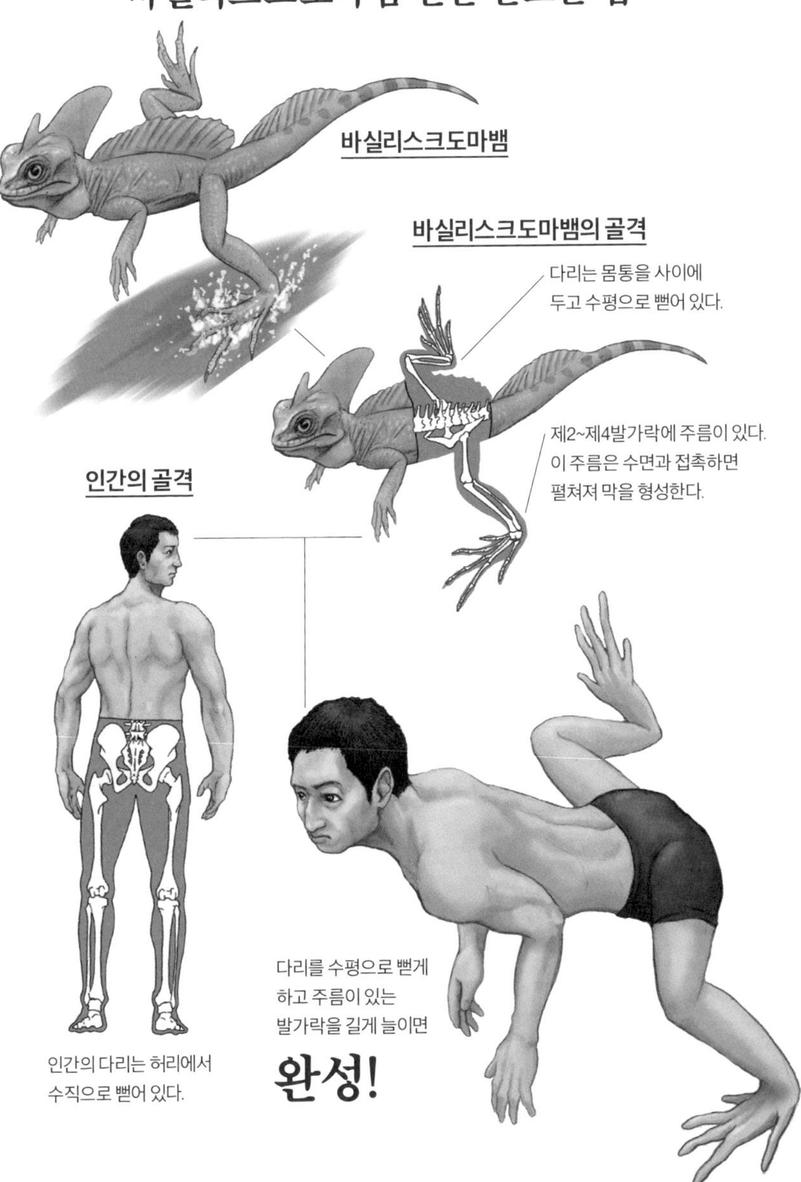

물 위를 달리는 발의 비밀

바실리스크도마뱀이란 바실리스크도마뱀속의 파충류로, 성체가 되면 선명한 초록색을 띠는 녹색바실리스크(*Basiliscus plumifrons*), 바실리스크도마뱀속 중 최대종인 갈색바실리스크(*Basiliscus vittatus*) 등이 있습니다.

바실리스크도마뱀과 그 친척들은 주로 중앙아메리카의 열대 우림에서 서식하며, 보통 물가와 가까운 나무 위에서 지냅니다. 그러다 위험을 느끼면 물가로 뛰어내려 그들의 특징적 행동인 수상 주행을 하지요. 상체를 든 채 가늘고 긴 꼬리로 균형을 잡으며 뒷다리를 굉장한 속도로 움직여, 초속 1미터 정도의 속도로 수면 위를 주파해 나가는 것입니다.

일반적으로 생각하면 물에 가라앉기 십상이지만, 바실리스크도마뱀은 한쪽 발이 가라앉기 전에 다른 쪽 발을 내디뎌 몸이 물에 가라앉지 않습니다. 그림❶ 또한 뒷발가락은 나무 위에서 사는 도마뱀에게서 흔히 볼 수 있는 가늘고 긴 형태인데, 발가락 사이에 '주름'이 있어서 수면에 접촉하면 펼쳐지게 되어 있지요. 그림❷ 그러면 발바닥과 수면이 접촉하는 면적이 커져 물에 잘 가라앉지 않게 됩니다. 수상 주행의 거리는 4미터 정도가 한계이지만, 물에 가라앉아도 헤엄을 잘 쳐서 30분은 족히 물속에 있을 수 있지요. 한편 성서에 나오는 예수 그리스도가 물 위를 걸었다는 기록 때문에, 현지에서는 '예수 그리스도 도마뱀'이라고도 부릅니다.

그림 ❶
발이 물에 가라앉기
전에 다른 발을
내디딘다.
그림 ❷
주름
발가락이 수면에 접촉하면
펼쳐지게 되어 있다.

Column.2 과도기의 동물② 파충류에서 공룡으로

익룡의 조상으로 추정되는 파충류

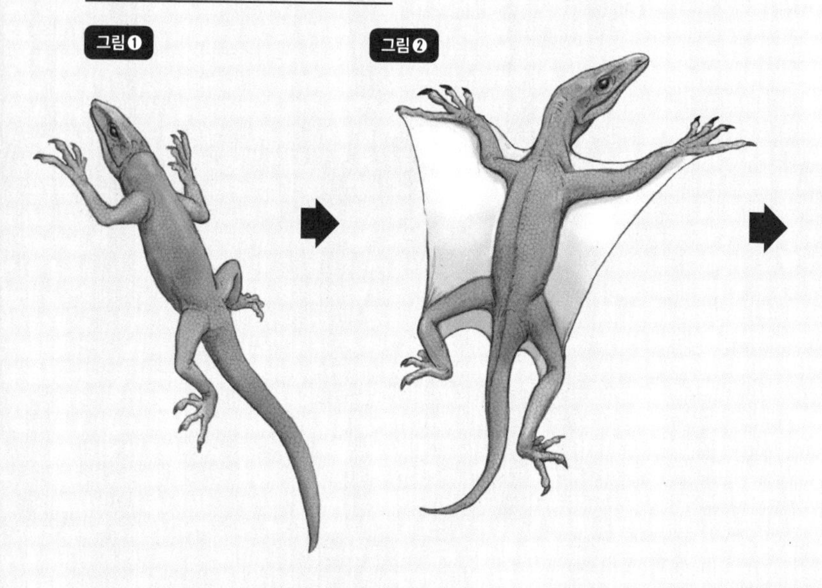

익룡의 조상(추정)

파충류의 친척 중에는 등뼈동물 중 처음으로 새와 같이 자유자재로 하늘을 나는 그룹이 있었습니다. 바로 익룡입니다. 대표격 종으로 프테라노돈(*Pteranodon*)이 있지요.

하늘을 나는 파충류였던 익룡은 지금으로부터 약 2억 2000만 년 전에 공룡과 공통 조상에게서 진화했습니다. 사람의 약지격인 앞발의 제4발가락이 길게 뻗어 앞다리에서 뒷다리에 이르기까지 펼쳐진 피막을 지지, 커다란 날개를 이룹니다.

익룡은 어떻게 근사한 날개를 가지고 하늘을 나는 파충류로 진화한 것일까요? 날개 없는 파충류나 익룡으로 진화하는 중간 단계의 파충류가 화석으

로 발견되지 않은 까닭에 그 과정을 아직 확실히는 알 수 없습니다.

이와 관련해서는 아마 나무 위나 절벽 위와 같이 높은 곳에서 서식하며 4족 보행을 하던 작은 파충류가, 그림❶ 진화 도중 앞발의 제4발가락이 길어지고 앞다리와 뒷다리 사이에 피막이 펼쳐진 것으로 추정할 뿐입니다. 그림❷ 갈고리발톱이 달린 앞발의 제1발가락에서 제3발가락까지는 날개를 지지하는 발가락이 아니었기 때문에, 이들 3개는 자유롭게 움직여 나무나 절벽을 기어오르는 데 쓸모가 있었겠지요. 그렇게 높은 곳에서 날개를 펼치고 날다람쥐와 같이 나무에서 나무 사이를, 아니면 절벽의 높은 곳에서 활공하던 파충류가 바로 익룡의 조상일 것으로 추측하고 있습니다.

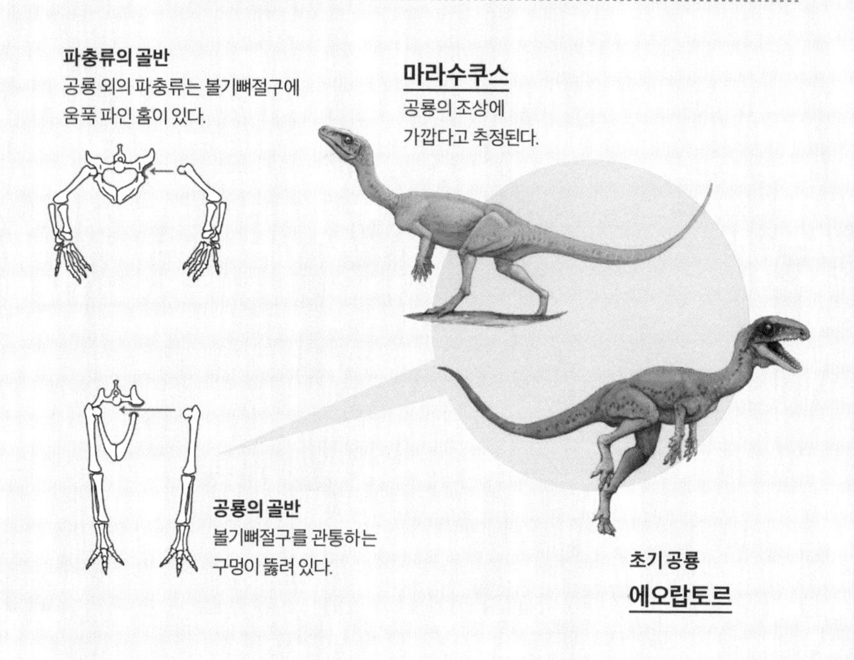

마라수쿠스

초기 공룡은 몸에서 수직으로 뻗은 2개의 뒷다리로 보행하는 파충류였습니다. 공룡의 조상은 아직 확실히 알려지지 않았지만, 조상에 가까운 종으로 마라수쿠스(*Marasuchus*)라는 파충류가 있었습니다. 2족 보행을 하는 호리호리한 파충류로 초기 공룡과 모습이 그리 다르지 않았지요. 또한 골반에는 넙다리뼈의 관절 돌기가 들어맞는 볼기뼈절구가 있었는데, 마라수쿠스의 경우 이곳에 구멍이 뚫려 있어 넙다리뼈의 관절 돌기가 완전히 골반을 관통하는 구조였습니다. 이 구조는 먼 옛날의 공룡과 오늘날까지 살아남은 공룡이라고 할 수 있는 조류만이 가지고 있는 특징입니다. 공룡에 가까운 파충류인 악어나 우리 인간의 골반에는 볼기뼈절구에 움푹 파인 홈이 있지요.

Chapter.3

공룡 · 익룡

Dinosaur
Pterosaurs

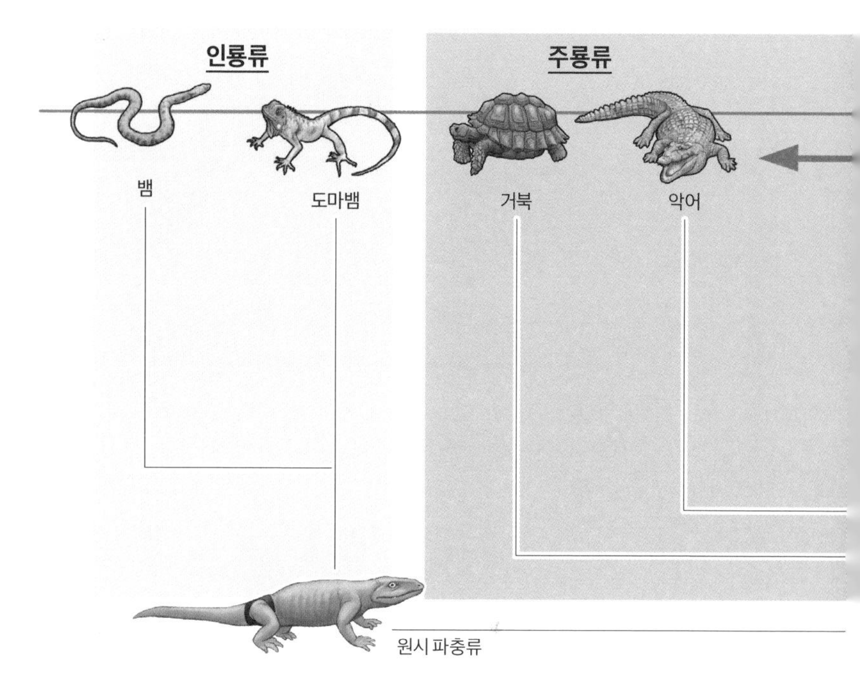

악어와 새 사이의 커다란 공백

오늘날의 파충류는 주로 도마뱀과 그 친척, 뱀과 그 친척, 거북과 그 친척, 악어와 그 친척으로 나뉩니다. 또한 어룡이나 장경룡 등 먼 옛날에 멸종한 파충류도 많이 있었지요. 이들까지 포함해 파충류는 크게 두 그룹으로 나뉩니다. 바로 인룡류(Lepidosauria)와 주룡류(Archosauria)입니다. 오늘날의 파충류를 여기에 끼워 맞추면 도마뱀, 뱀과 그 친척은 인룡류가, 거북, 악어와 그 친척들은 주룡류가 됩니다. 그리고 파충류라는 커다란 그룹으로부터 파생된 조류는 주룡류에 속하지요. 즉 같은 주룡류인 악어는 인룡류인 도마뱀이나 뱀보다 조류와 가까운 관계입니다.

그러나 거북, 악어와 조류는 모습이 전혀 다릅니다. 어째서 친척 관계인데 이

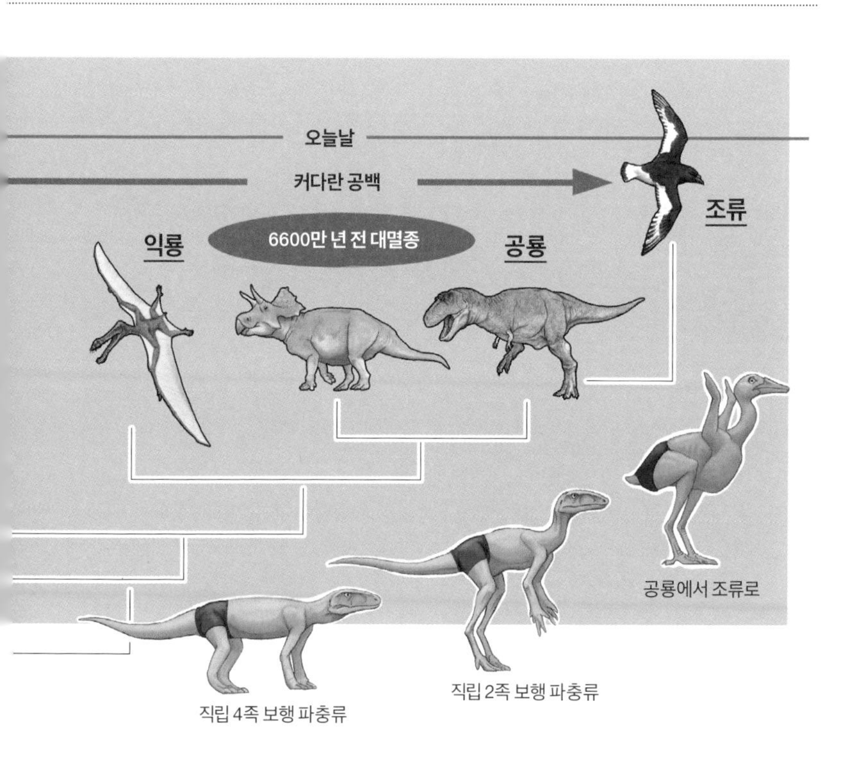

렇게나 다를까요? 사실 거북과 조류 사이에는 제각기 진화한 다종다양한 동물군이 있었습니다. 그러나 이들이 중간에 멸종해 버렸기 때문에 오늘날 커다란 공백이 보이는 것입니다. 그 공백에 해당하는 동물군으로는 악어와 가까운 파충류로부터 진화한 공룡과 익룡이 포함되어 있었습니다. 그리고 공룡 그룹으로부터 조류가 나타났지요. 6600만 년 전 대멸종 당시에 공룡과 익룡은 멸종하고 말았지만, 그 와중에도 악어와 그 친척들, 그리고 공룡의 일원이었던 조류는 대멸종을 극복하고 오늘날까지도 살아남은 것입니다.

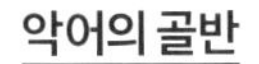

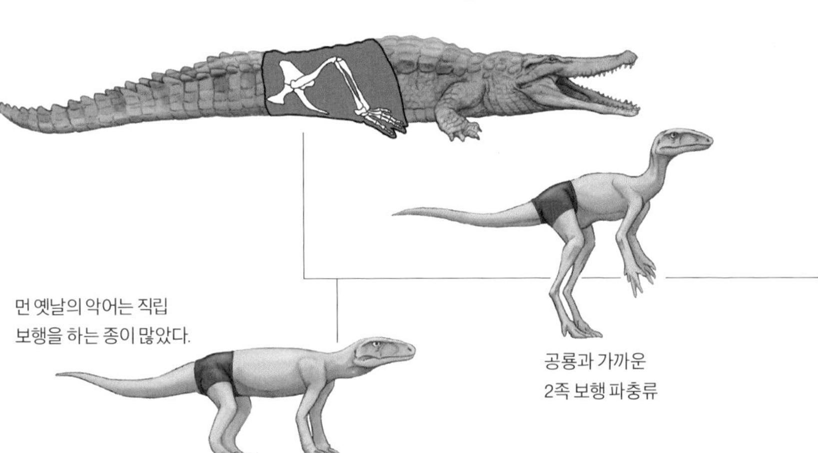

2개의 다리로 몸을 지탱하는 구조

공룡은 악어와 가까운 파충류로부터 진화한 것으로 추정되는데, 가장 큰 특징은 '뒷다리로 2족 보행하는 파충류'였다는 것입니다. 오늘날까지 살아남은 공룡이라고 할 수 있는 조류와 우리 인간을 제외한 네발동물은 대부분 4족 보행을 하는 만큼, 2족 보행을 했던 공룡은 흔치 않은 사례에 속합니다. 그러나 공룡에도 다양한 그룹이 있어서, 진화 도중 2족 보행에서 다시 4족 보행으로 돌아간 그룹도 많았지요. 네발동물은 앞다리와 뒷다리 총 4개의 다리로 몸을 지탱하는 경우가 압도적으로 많지만, 공룡은 2개의 다리만으로 몸을 지탱했기에 그만큼 다리와 허리가 강인해야 했습니다.

또한 공룡의 고관절에는 독특한 특징이 있었습니다. 다른 종의 골반에는 넓

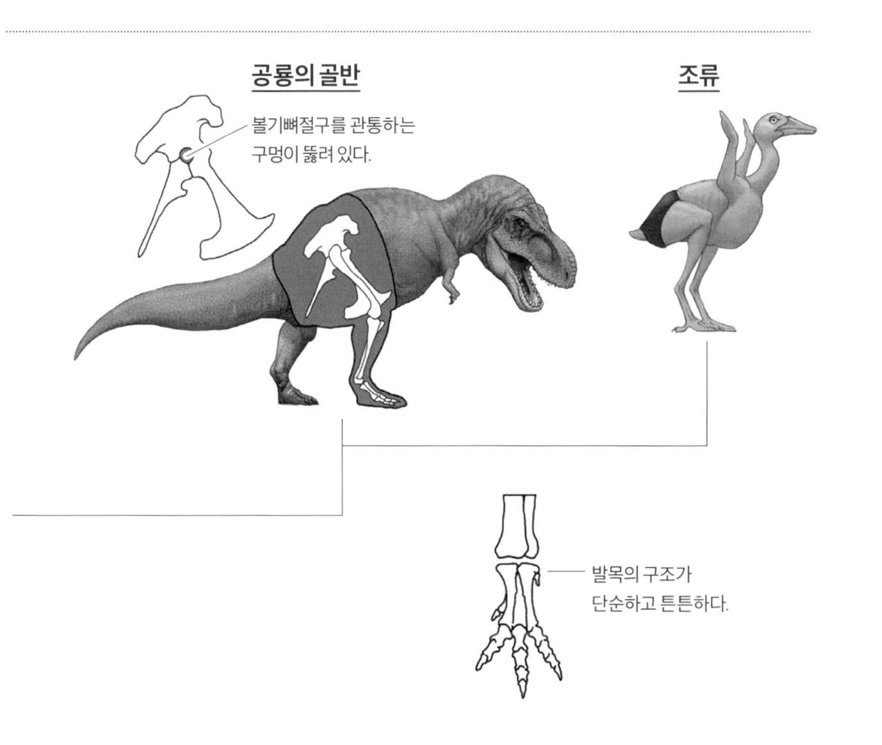

다리뼈의 관절 돌기가 들어맞는 움푹 파인 홈이 있는데, 공룡에는 홈이 아니라 골반을 관통하는 구멍이 뚫려 있었던 것입니다. (82쪽 참조) 그리고 이 구멍으로 넙다리뼈의 관절 돌기가 깊숙이 들어가게 되어 있었지요. 이 구조 덕분에 전후 방향만으로 제한되기는 해도 유연한 움직임이 가능해졌고, 대단히 튼튼한 관절도 가질 수 있었습니다.

또한 발목 주변의 자잘한 뼈도 하나로 통합된 단순한 구조 덕분에, 발목의 방향을 트는 등의 복잡한 움직임은 불가능한 대신 높은 강도를 얻었습니다. 이처럼 다리와 허리의 강인함에 특화된 관절이 공룡을 규정하는 중요한 특징이라고 하겠습니다.

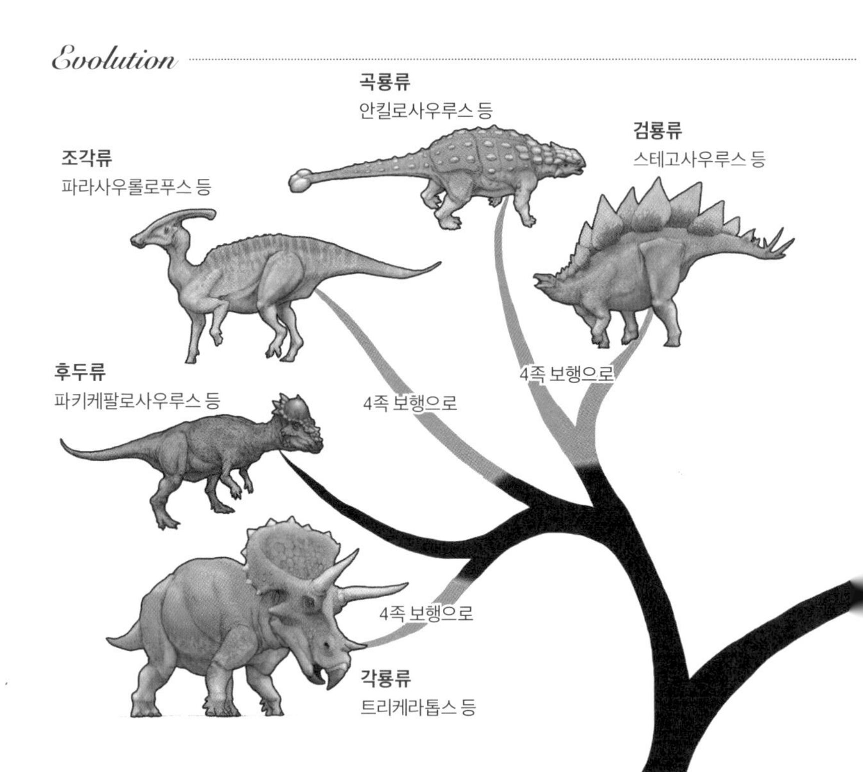

다양한 종으로 파생된 직립 보행

튼튼한 다리와 허리 관절을 가지면서 공룡은 직립 보행이 가능해졌습니다. 다리가 몸통에서 아래로 곧게 뻗은 직립 자세는 땅 위에서 효율 좋게 몸을 지탱할 수 있기에, 높은 기동성 외에도 대형화나 무거운 갑옷 및 장식의 발달 등도 가능케 했지요. 그 결과 공룡은 형태의 다양화가 눈에 띄는 그룹이 되었습니다.

공룡은 크게 7개 그룹으로 나뉘는데, 특히 대형화한 그룹은 용각형류(Sauropodomorpha)로 그중에는 몸길이 30미터도 넘는 종류도 많았지요. 그 밖에도 등에 골판이나 가시 같은 장식이 나 있었던 검룡류(Stegosauria)나 커다란 머리에 근사한 목도리와 뿔을 가지고 있었던 각룡류(Ceratopsia), 가죽과 뼈로 이루어진 갑옷으로 몸을 감싸고 있었던 곡룡류(Ankylosauria) 등 대형화나 장식 등으로

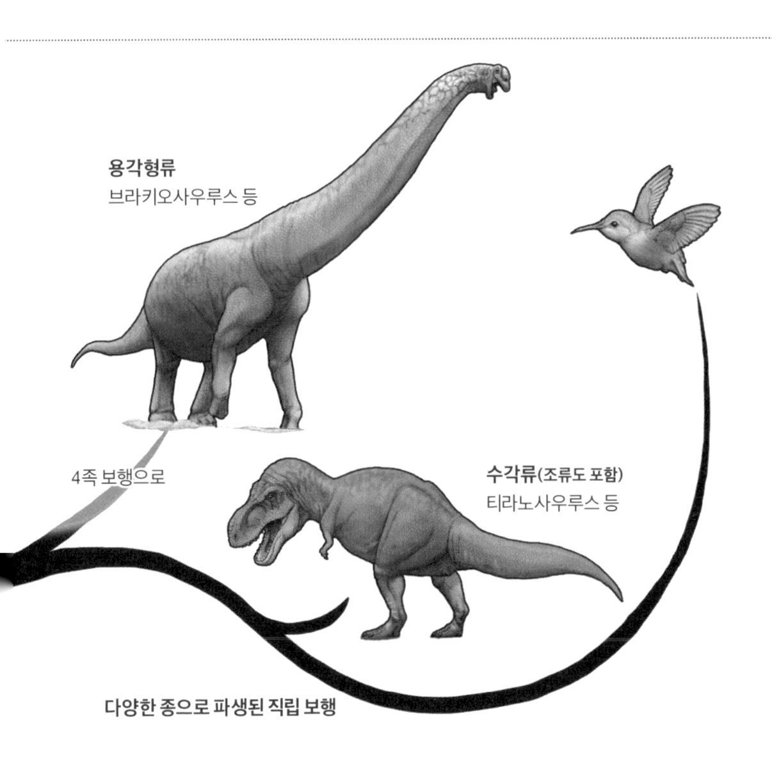

몸이 무거워져 다시 4족 보행으로 돌아가는 그룹이 많이 있었습니다.

한편 모든 종이 2족 보행을 하는 그룹이 수각류(Theropoda)입니다. 티라노사우루스(*Tyrannosaurus*) 등이 유명한데, 이 수각류 중 약 1억 5000만 년 전에 조류가 나타났기 때문에 조류도 그 일원에 해당하지요. 조류도 모든 종이 2족 보행을 하므로, 수각류는 공룡이 나타난 2억 3000만 년 전부터 오늘날에 이르기까지, 공룡의 기본 형태인 2족 보행을 유지하고 관철해 온 그룹이라고 할 수 있습니다. 또한 조류는 깃털로 몸을 감싸고 있는데, 수각류 중에도 깃털을 가진 종이 많이 있었습니다.

그림❶

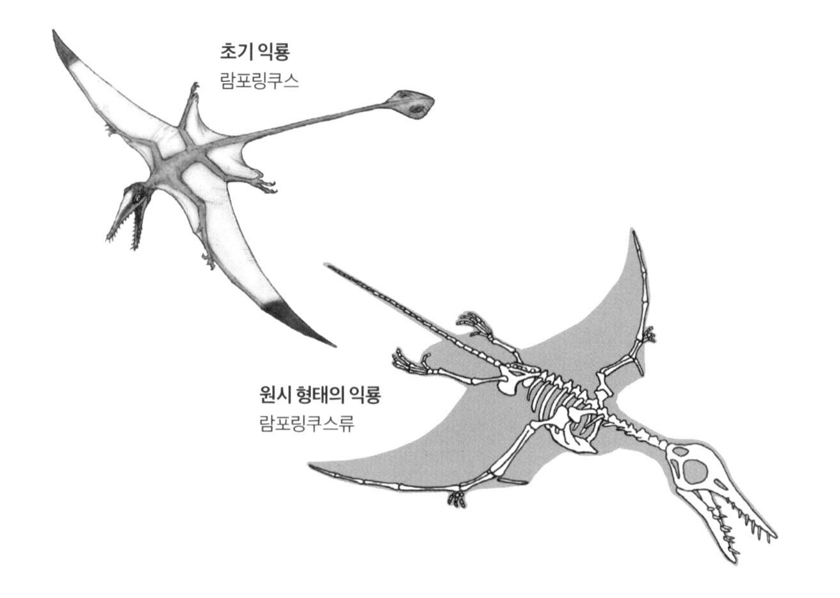

익룡의 진화

익룡은 공룡과 마찬가지로 악어와 가까운 파충류로부터 진화, 공룡과 거의 같은 시기에 지구상에 나타났습니다. 그리고 공룡(조류는 제외)과 같은 시기인 6600만 년 전에 멸종했지요. 오랫동안 공룡과 같은 시대를 공유한 익룡이지만, 내내 비행 생물로서의 진화에 집중했기 때문에 그 모습에서 공룡과 같은 다양성은 찾아보기 힘듭니다.

익룡은 원시 형태와 진화한 형태, 크게 둘로 나뉩니다. 2억 2000만 년 전, 원시 형태인 람포링쿠스류(Rhamphorhynchoidea)가 나타났지요. 그림❶ 긴 꼬리가 특징으로, 익룡 중에서는 소형에서 중형 크기에 해당하며 가장 커다란 종도 펼친 날개 길이가 2.5미터를 넘지는 않습니다.

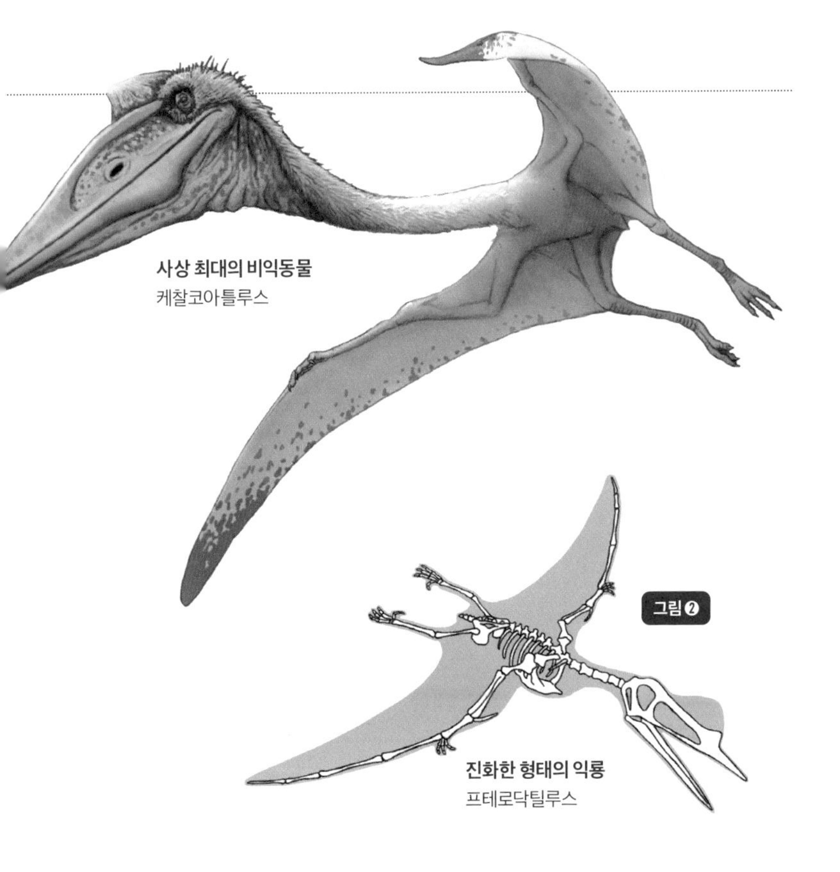

사상 최대의 비익동물
케찰코아틀루스

진화한 형태의 익룡
프테로닥틸루스

그 뒤 1억 5000만 년 전에 진화한 형태인 프테로닥틸루스류(Pterodactyloidea)가 나타났습니다. 그림❷ 원시적인 람포링쿠스류와는 달리 꼬리가 짧은 것이 특징이었지요. 또한 프테로닥틸루스류의 대표적인 종으로 잘 알려진 프테라노돈처럼 머리가 크고 화려한 볏을 가지고 있었습니다. 게다가 크기도 대단히 커졌지요. 프테라노돈은 날개를 펼치면 길이가 7미터나 됐는데, 그보다 더 커다란 케찰코아틀루스(*Quetzalcoatlus*)라는 종은 10미터도 넘었을 것으로 추정됩니다. 그러나 이렇게 몸집이 커도 뼛속이 비어 있어서, 몸무게는 성인 남성과 비슷한 70킬로그램 정도였을 것이라고 합니다.

공룡·익룡

티라노사우루스

Tyrannosaurus

티라노사우루스는 6600만 년 전에 서식하던 대형 육식 공룡입니다. 턱에는 커다란 이빨이 늘어서 있었는데, 그 길이는 무려 25센티미터에 달했습니다. 바나나와 같은 형태와 크기를 가지고 있었으며, 다른 육식 공룡보다 예리함은 떨어져도 강인한 턱 힘과 둔기에 가까운 이빨로 먹잇감의 몸을 뼈째 분쇄했지요.

티라노사우루스 인간

Tyrannosaurus Human

How to

티라노사우루스 인간 만드는 법

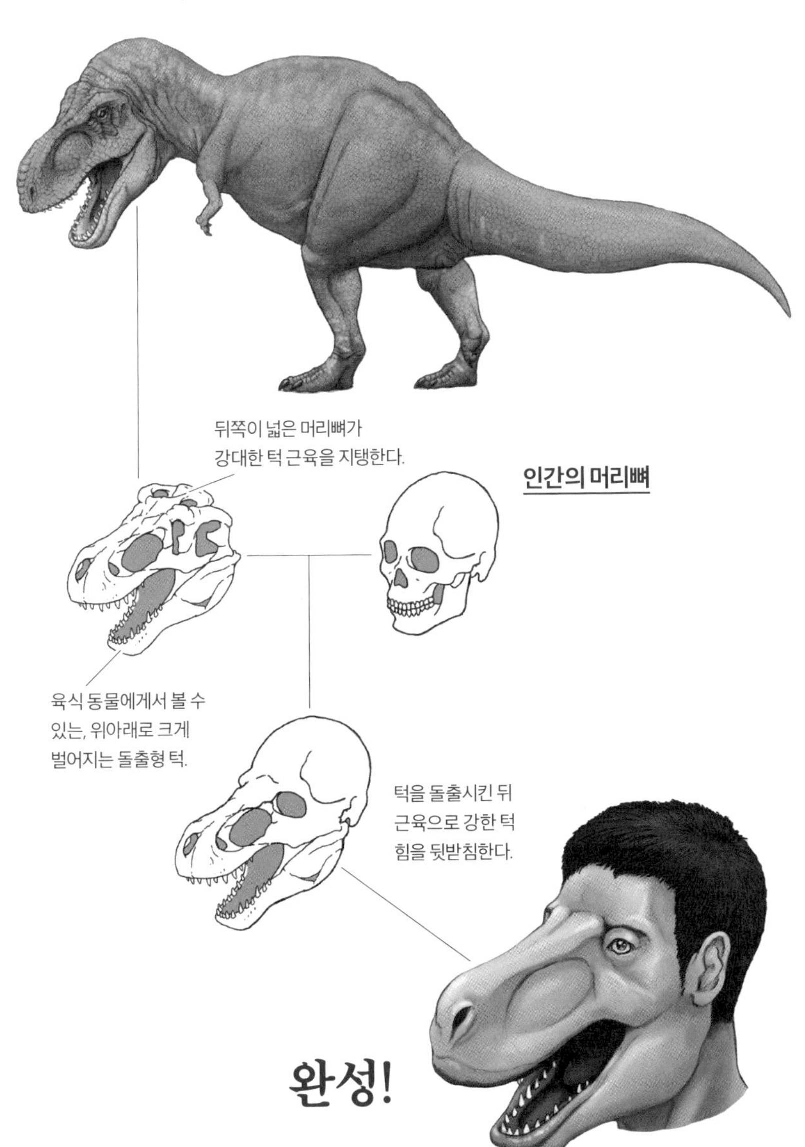

규격 외의 무는 힘

6600만 년 전 북아메리카 동부에서 서식하던 티라노사우루스는 몸길이 12미터, 몸무게 6톤으로 추정되는 육식 공룡입니다. 여러 육식 공룡 중에서도 큰 몸집을 자랑했지요. 보통 크기의 육식 공룡인 알로사우루스(*Allosaurus*)의 몸무게(1.7톤)보다 3배는 더 되는 것을 보면 티라노사우루스가 얼마나 규격 외의 크기였는지 알 수 있습니다.

그러나 티라노사우루스의 강함은 그 육중한 몸집에서만 나오는 것이 아니었습니다. 가장 강력한 무기인 무는 힘이 다른 육식 공룡을 압도할 정도로 강했던 것입니다. 티라노사우루스와 알로사우루스의 머리뼈를 비교하면 티라노사우루스는 머리뼈 뒤쪽 부분의 폭이 대단히 넓었음을 알 수 있지요. 여기에 극단적으로 두꺼운 턱 근육이 뭉쳐 있었는데, 바로 이 근육으로 막강한 교합력(무는 힘)을 발휘했던 것입니다. 그림❶

추정치가 좀 널뛰기는 하지만, 최근 연구에 따르면 그 교합력의 최대치는 5만 7000뉴턴으로 추정된다고 합니다. 그에 비해 알로사우루스의 교합력은 8,000뉴턴으로, 티라노사우루스와는 상당한 차이가 나지요. 현생 동물 중 가장 무는 힘이 강하다고 알려진 바다악어(*Crocodylus porosus*)의 교합력이 1만 6000뉴턴입니다. 그림❷ 티라노사우루스는 지금까지 땅 위에 존재한 육식 동물 중 최강의 턱을 가지고 있었다고 해도 과언이 아닙니다.

그림 ❶
티라노사우루스
알로사우루스

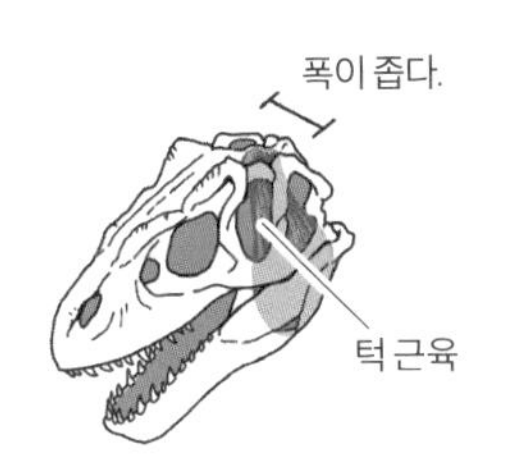
폭이 좁다.
턱 근육

머리뼈 뒤쪽의
폭이 갑자기
넓어진다.
폭이 넓다.
극단적으로 두꺼운
턱 근육이 뭉쳐 있다.

그림 ❷ 교합력의 비교

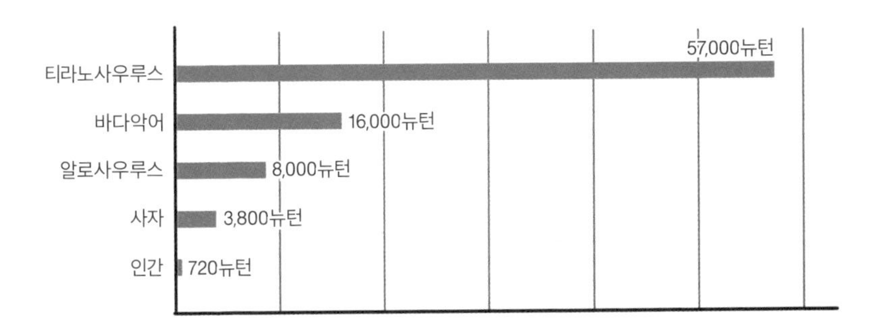
티라노사우루스
57,000뉴턴
바다악어
16,000뉴턴
알로사우루스
8,000뉴턴
사자
3,800뉴턴
인간
720뉴턴

데이노니쿠스

Dinonics

데이노니쿠스(*Deinonychus*)는 약 1억 1000만 년 전에 서식하던 공룡입니다. 오늘날의 조류와 가까운 공룡 중 하나로, 앞다리는 새처럼 날개였을 것으로 추정하지요. 그 날개에는 갈고리발톱과 같은 3개의 눈에 띄는 긴 발가락이 나 있었습니다.

데이노니쿠스 인간

Dinonics Human

How to

데이노니쿠스 인간 만드는 법

조류 특유의 뼈가 있는 수각류

새는 사람으로 치면 빗장뼈(쇄골)가 결합해 있습니다. V자 형태로 결합한 이 뼈, '차골'은 조류의 큰 신체적 특징 중 하나입니다. 새는 하늘을 날기 위해 몸 전체를 가볍게 해 왔지요. 때문에 뼛속에 공기를 채우는 식으로 뼈를 가볍게 하거나 뼈와 뼈를 결합시켰는데, 차골은 이 뼈의 경량화 · 결합의 한 사례입니다. 그림❶

차골은 새의 날갯짓에 어떤 역할을 할까요? 새의 날갯짓은 용골돌기에 붙은 근육의 힘으로 가능한 것입니다. 차골은 그 근육의 움직임이 극대화할 수 있게 보조하는 뼈로, 용수철처럼 탄력 있게 움직입니다. 새가 날갯짓하면서 날개를 휘둘러 내리면 휘어지지만, 날개를 휘둘러 올리면 용수철과 같이 원래대로 돌아가는 것입니다. 그림❷

한편, 하늘을 날 수 없었던 것으로 알려진 데이노니쿠스를 비롯해 디라노사우루스 등 많은 수각류가 이 차골을 가지고 있었던 것으로 밝혀졌습니다. 날개는 있었다고 해도 날갯짓해 하늘을 날 수 없었던 데이노니쿠스에게 어째서 이 뼈가 있었는지는 아직 밝혀지지 않았지요. 그러나 이 뼈의 존재는 데이노니쿠스를 비롯한 수각류가 조류의 조상임을 나타내는 결정적인 증거입니다.

그림 ❶

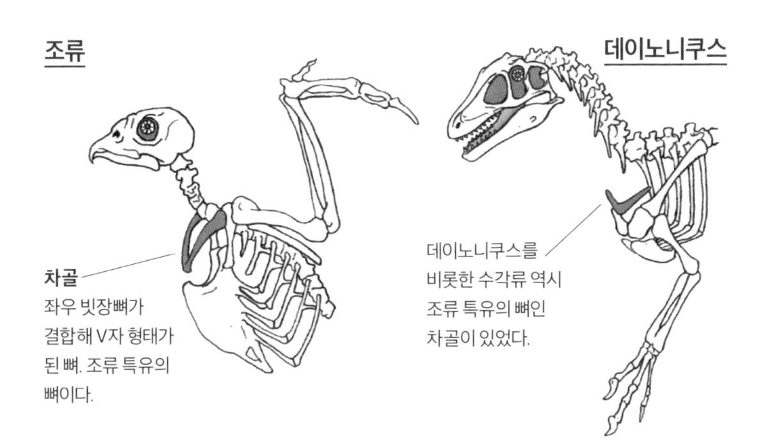
조류
데이노니쿠스
차골
좌우 빗장뼈가
결합해 V자 형태가
된 뼈. 조류 특유의
뼈이다.
데이노니쿠스를
비롯한 수각류 역시
조류 특유의 뼈인
차골이 있었다.

그림 ❷

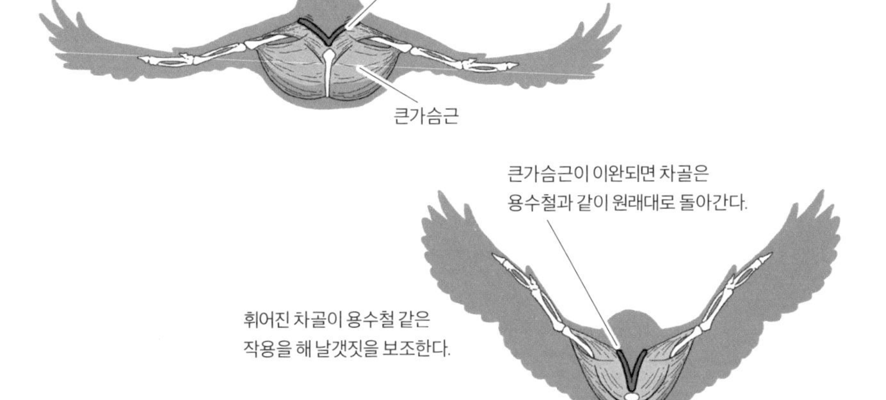
차골의 역할
큰가슴근의 힘으로
차골이 휘어진다.
큰가슴근
큰가슴근이 이완되면 차골은
용수철과 같이 원래대로 돌아간다.
휘어진 차골이 용수철 같은
작용을 해 날갯짓을 보조한다.

공룡 · 익룡

프테라노돈

Pteranodon

프테라노돈은 약 8000만 년 전에 서식하던 파충류입니다. 큰 날개로 새나 박쥐처럼 자유자재로 하늘을 날아다녔던 프테라노돈은 '익룡'이라는 그룹 중 한 종입니다. 그 날개는 앞다리(팔)가 변화한 것인데, 앞다리의 뼈와 인간으로 치면 약지에 해당하는 제4발가락이 길게 뻗어 날개를 지지하고 있습니다.

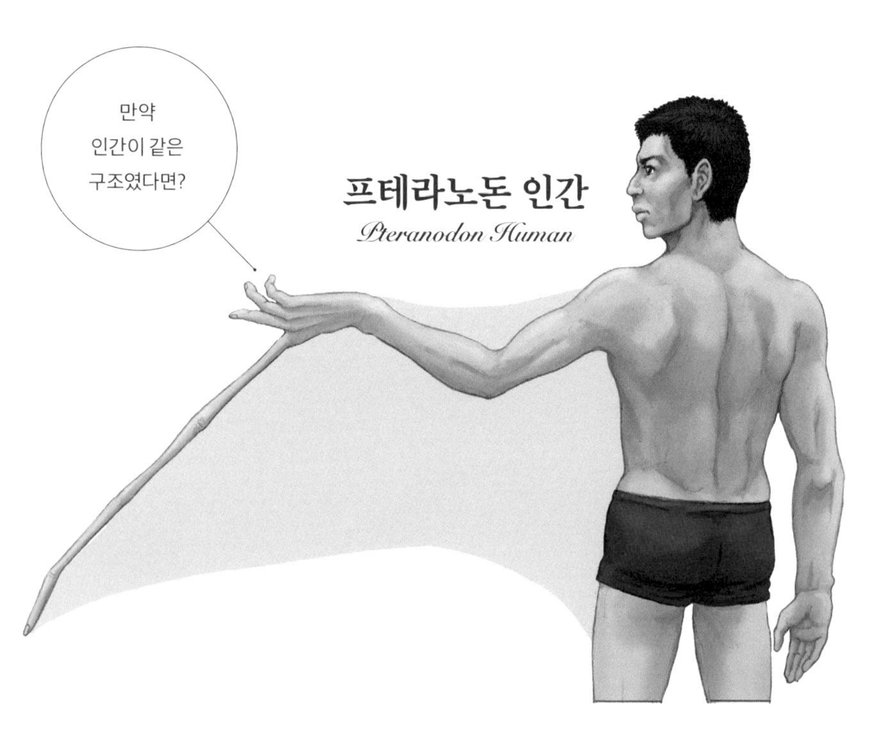

프테라노돈 인간 만드는 법

인간의 손가락은 사물을
잡는 데 특화되어 극단적으로
길게 뻗은 손가락은 없다.

제4손가락을 길게 뻗게
하고 제5손가락을 없앤다.
그리고 피막을 펼치면

완성!

익룡, 박쥐, 새 날개의 차이

생물의 역사에서 등뼈동물 중 최초로 하늘을 자유자재로 날 수 있었던 것은 익룡이라고 불리는 파충류였습니다. 오늘날의 동물 중 하늘을 나는 등뼈동물로는 조류와 포유류인 박쥐가 있지요. 박쥐가 나타난 것은 약 5000만 년 전, 조류는 약 1억 5000만 년 전이었고, 익룡은 훨씬 옛날인 2억 2000만 년 전에 나타났습니다. 그러나 익룡은 6600만 년 전에 공룡과 함께 멸종해 버렸지요.

익룡이나 조류, 박쥐는 모두 하늘을 날기 위한 날개를 가지고 있지만, 나타난 시대는 물론 계통적으로도 차이가 나기 때문에 제각기 독자적으로 앞다리를 날개로 바꾸어 나갔습니다. 때문에 날개의 구조도 차이가 납니다.

조류는 앞다리로 깃털이 나 있는 날개를 형성했습니다. 그림❶ 박쥐는 제1발가락을 제외한 발가락을 길게 뻗고, 그 사이에 피막을 쳐서 날개를 만들어 나갔지요. 그림❷

익룡은 박쥐와 마찬가지로 발가락뼈를 길게 뻗어 날개를 지지했는데, 그 역할을 하는 발가락은 인간으로 치면 약지에 해당하는 제4발가락뿐이었습니다. 나머지 제1발가락부터 제3발가락에는 다른 파충류처럼 갈고리 손톱이 나 있어서, 절벽이나 나무를 오르는 데 이용했다고 합니다. 그림❸

이렇듯 같은 날개 달린 생물이라고 해도 그 구조는 상당히 차이가 났음을 알 수 있지요.

인간의 손
제2손가락(검지)
제1손가락(엄지)
제3손가락(중지)
제4손가락(약지)
제5손가락(소지)
새의 날개
그림 ❶
제1발가락
제2발가락
제3발가락
날개
그림 ❷
제1발가락
제2발가락
제3발가락
박쥐의 날개
피막
제4발가락
제5발가락
제1발가락
그림 ❸
제2발가락
제3발가락
익룡의 날개
제4발가락
피막

공룡에서 조류로

세계에서 처음으로
깃털의 흔적이 확인된
시노사우롭테릭스의 화석

시노사우롭테릭스와 미크로랍토르

1995년, 중국 동북부 랴오닝 성의 1억 3000만 년 전 지층에서 시노사우롭테릭스(*Sinosauropteryx*)라는 작은 공룡의 전신 화석이 발견되었습니다. 그 이듬해 시노사우롭테릭스의 몸에는 깃털이 나 있었던 것으로 확인되면서, 조류 외의 공룡에게도 깃털이 나 있었던 것으로 결론이 났지요. 이를 시작으로 몸이 깃털로 뒤덮인 공룡의 화석이 차례차례 발견되어, 이제 깃털 공룡이라는 말이 전혀 이상할 것이 없을 정도가 되었습니다. 시노사우롭테릭스의 깃털은 조류의 깃털과 같은 복잡한 구조가 아니라 길이 5밀리미터 정도의 섬유형 '원우모'였지요. 시노사우롭테릭스는 긴 꼬리까지 포함해서 몸길이가 1미터 정도로 작아 체온 유지가 어려웠기에, 깃털로 보온성을 높인 것으로 추정합니다.

뒷다리에도 깃털이 나 있어 4개의 날개를 가진 공룡이었음을 알 수 있다.

한편 2003년에는 비행과 관련된 깃털인 날개깃을 가지고 하늘을 날았던 공룡 화석이 보고되었습니다. 바로 미크로랍토르(*Microraptor*)입니다. 이 공룡의 큰 특징은 날개깃이 앞다리뿐만 아니라 뒷다리에도 있다는 점이지요. 다시 말해 4개의 날개가 있었던 것입니다.

다만 날갯짓을 위한 근육이 발달하지 않았기 때문에 새처럼 날 수는 없었던 모양입니다. 이 4개의 날개를 펼치면 넓은 면적을 확보할 수 있었기 때문에, 체공 시간이 긴 활공이 가능했을 겁니다. 그리고 그 뒤로도 4개의 날개를 가진 공룡 화석이 여러 종 더 발견되었지요. 조류와 가까운 공룡에게 4개의 날개는 기본적인 스타일이었는지도 모릅니다.

시조새의 화석(베를린 표본)

시조새

'최초의 새'로 추정되는 동물이 바로 시조새(*Archaeopteryx*)입니다. 시조새의 화석은 꽤 오래전인 1861년 독일의 1억 5000만 년 전 지층에서 발견되었습니다. 날개깃도 확인되는 근사한 날개를 가진 탓에 얼핏 보면 조류로 보였지만, 턱에는 날카로운 이빨, 날개에는 갈고리발톱이 달린 3개의 발가락, 긴 꼬리처럼 조류에 없는 특징도 가지고 있었지요. 또한 날갯짓하는 근육을 지지하는 용골돌기도 발달해 있지 않았습니다. 때문에 시조새는 오늘날의 조류처럼 날갯짓해 날 수는 없었던 모양이지만, 뒷다리와 긴 꼬리에도 깃털이 나 있어서 총 5개의 날개를 가지고 있었습니다. 일단 하늘로 날아오르고 나면 이 날개들로 선회나 감속을 하며 어느 정도는 자유롭게 비행했을 것으로 추정됩니다.

Chapter.4

조류

Birds

그림❶

새의 골격

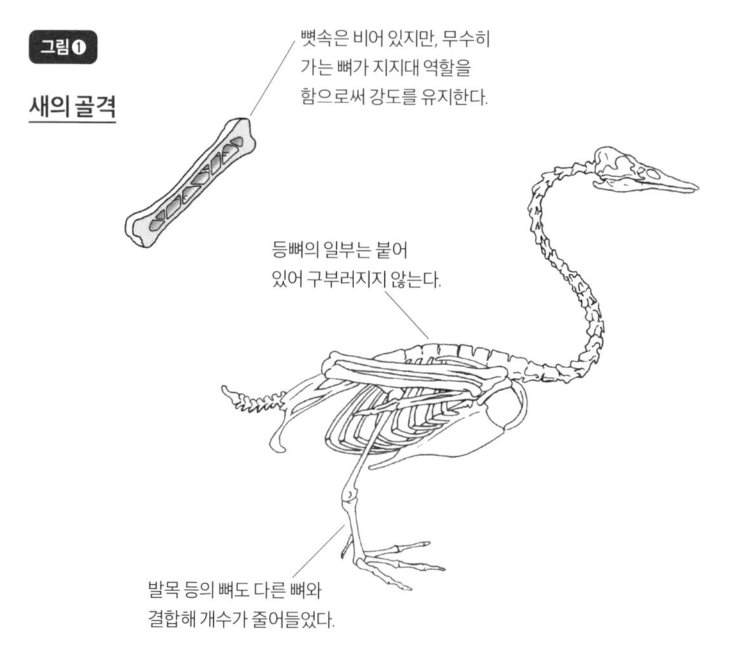

대대적인 모델 체인지를 거친 몸

공룡 그룹으로부터 1억 5000만 년 전에 나타난 조류는, 온몸이 깃털로 뒤덮이고 앞다리는 날개로 변화한 채 오늘날까지 살아남았습니다. 새의 몸은 날기 위한 구조로 되어 있어서, 몸을 무겁게 하는 요소는 최대한 배제할 필요가 있지요. 그 경량화의 일환으로 우선 뼛속에 빈 공간이 있습니다. 단 그만큼 몸을 지지하는 뼈의 강도가 떨어지기 때문에, 빈 공간의 내부에는 무수히 가는 뼈가 지지대 역할을 함으로써 강도를 확보합니다. 또한 뼈와 뼈를 결합해 강도를 유지하는 한편, 뼈의 개수를 줄여 경량화도 꾀했지요. 그림❶

뼈뿐만 아니라 몸의 내부도 몸을 가볍게 하기 위한 구조로 되어 있습니다. 이빨도 무거워서 없애고, 그 대신 턱에 가벼운 부리를 달았지요. 이빨이 없기 때문

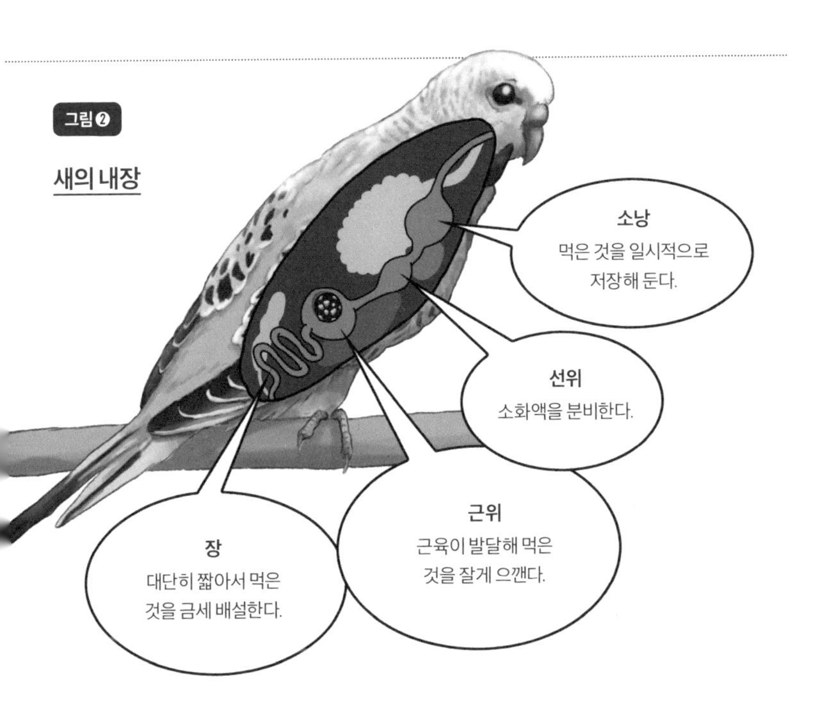

에 먹잇감을 통째로 삼키고, 근육이 발달한 근위(모래주머니라고도 합니다.)로 옮겨 강한 힘으로 잘게 으깹니다. 이 근위가 이빨을 대신하는 셈입니다. 조개나 씨앗 등 단단한 것을 먹는 새는 처음부터 근위 안에 모래나 자갈 같은 것을 넣어 둠으로써 먹잇감을 잘게 으깨는 기능을 한층 더 강화합니다. 또한 장이 짧아 먹잇감의 소화가 끝나면 바로 배설하며 항상 몸을 가볍게 유지하지요. 새의 몸은 이처럼 뼈뿐만 아니라 내장까지 경량화를 위한 다양한 수단을 갖추고 있습니다.

그림❷

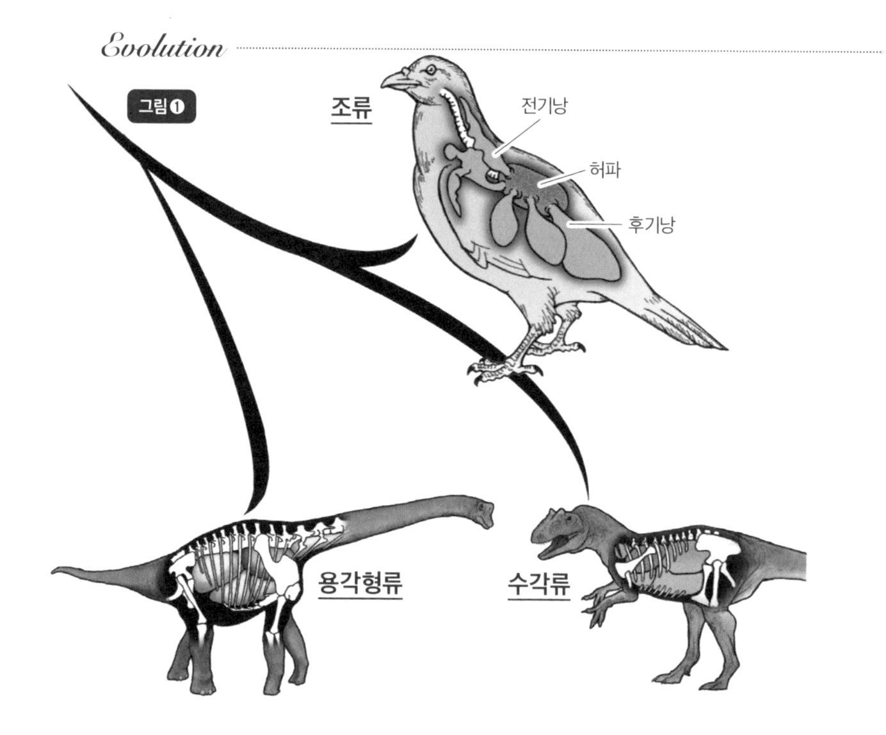

하늘을 나는 데 커다란 공헌을 한 '기낭'

조류 중에는 에베레스트 산꼭대기보다 높은 하늘을 나는 부류도 있습니다. 산소가 희박한 그런 환경에서 날갯짓과 같이 격렬한 운동을 하면서도 버틸 수 있는 이유 중 하나로는 '기낭'으로 인한 효과적인 호흡을 빼놓을 수 없지요. 조류는 공룡의 친척이자 살아남은 공룡 그 자체인데, 조류 외의 공룡 중에서 수각류와 용각형류도 기낭을 가지고 있었습니다. 수각류의 운동 능력이나 용각형류의 거대화, 그리고 수각류로부터 하늘을 날 수 있는 조류로의 진화에는 기낭으로 인한 호흡 시스템이 중요한 열쇠를 쥐고 있는 모양입니다. 그림①

그렇다면 이 호흡 시스템이란 무엇일까요? 우리는 호흡할 때 숨을 들이쉬어 폐에 신선한 공기(산소)를 공급하고, 숨을 내쉬어 오래된 공기(이산화탄소)를 배출

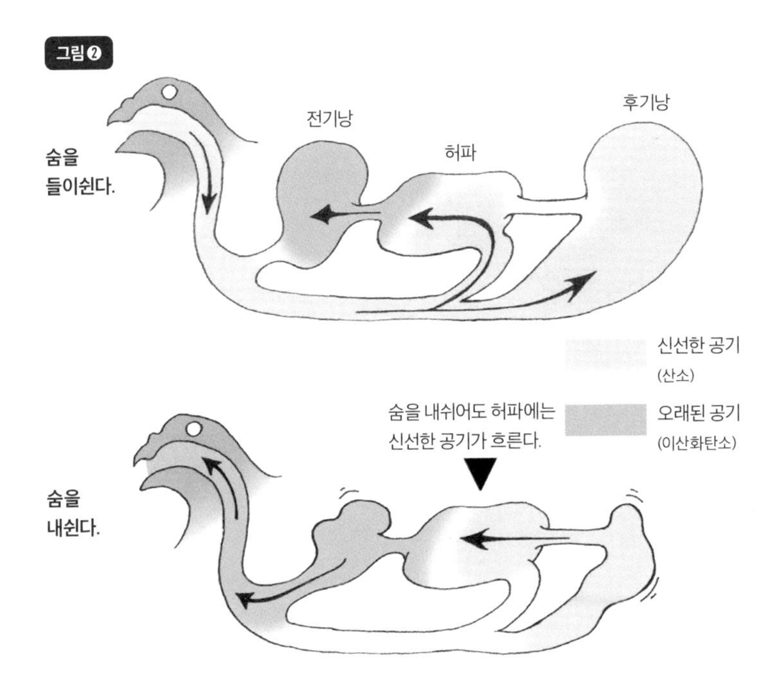

합니다. 당연한 이야기지만 숨을 내쉴 때는 허파에 신선한 공기가 흐르지 않아 산소를 공급하지 못하지요. 그러나 조류는 숨을 내쉴 때도 허파에 산소를 공급하는, 우리 포유류와는 다른 호흡 시스템을 가지고 있습니다.

조류의 허파는 그 앞과 뒤에 '기낭'이라고 해서 허파와 연결된 주머니가 있습니다. 새가 숨을 들이쉬면 신선한 공기가 허파와 그 뒤에 있는 기낭으로 흘러 들어가고, 그와 동시에 허파에 있던 오래된 공기는 그 앞에 있는 기낭으로 흘러 나가지요. 숨을 내쉴 때는 앞쪽 기낭의 오래된 공기가 흘러 나가는 동안 뒤쪽 기낭의 신선한 공기가 허파로 흘러 들어가, 숨을 들이쉴 때나 내쉴 때나 신선한 공기가 흐르게 되어 있습니다. 그림❷

그림❶ 뜸부기의 친척

하늘을 날기를 그만둔 새

종류가 늘어나면서 새들은 점점 다양한 지역에 분포하게 되었지요. 그중에는 하늘을 날기를 그만두고 땅에서 살게 된 새도 여럿 있습니다. 하늘을 날 수 있게 진화하기 위해 많은 것을 희생한 만큼, 막상 하늘을 나는 능력이 별로 필요 없는 환경에서 살게 되면 금방이라도 그 능력을 버릴 수 있었던 것입니다.

하늘을 날기를 그만두고 지상에서 사는 새는 '섬'에서 서식하는 경우가 많은 모양입니다. 섬은 바다로 가로막혀 천적이 발을 들일 일이 없는 안전한 곳이기 때문이겠지요. 특히 오키나와에 사는 오키나와뜸부기(*Hypotaenidia okinawae*) 등 뜸부기의 친척 중에는 하늘을 날지 않는 종이 많은데, 대부분 섬에 살고 있습니다. 그러나 그중 상당수가 인간이 섬에 유입시킨 고양이나 쥐 등에게 잡아먹혀 멸종하

그림② 뉴질랜드의 하늘을 날지 않는 새

거나 개체수가 격감해 버리고 말았지요. **그림①**

뉴질랜드에도 날지 않게 된 새가 많이 살고 있습니다. 뉴질랜드의 국조인 키위나 유일하게 하늘을 날지 않는 앵무새인 카카포(*Strigops habroptilus*) 등이지요. **그림②** 뉴질랜드는 먼 옛날부터 대륙과는 고립된 섬으로서 한때는 바다 아래 가라앉은 시기도 있었다고 하며, 때문에 포유류가 발을 들일 기회가 없었던 모양입니다. 포유류가 없다 보니 조류가 하늘을 날기를 그만두고 그 틈새를 메우듯이 땅으로 내려와 번성하게 된 것입니다. 그러나 역시 인류가 배로 이 땅에 오면서 데려온 동물들 때문에 개체수가 많이 감소했다고 합니다.

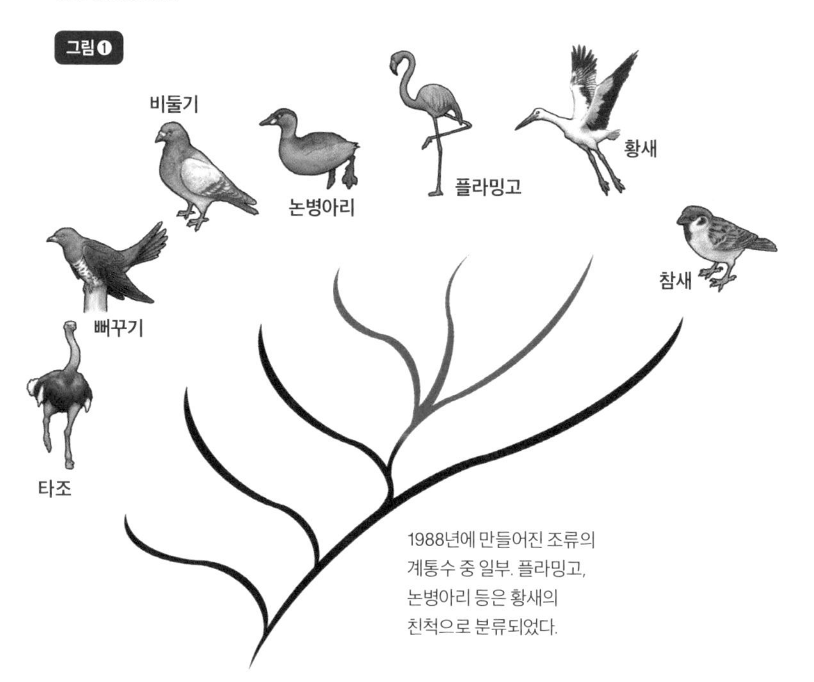

1988년에 만들어진 조류의 계통수 중 일부. 플라밍고, 논병아리 등은 황새의 친척으로 분류되었다.

계속해서 변화하는 새의 분류

오늘날 새는 약 1만 종이 존재합니다. 등뼈동물 중에서는 어류 다음으로, 포유류(5500만 종)보다 압도적으로 많지요. 1만 종이나 되는 조류를 친척끼리 분류하는 것도 보통 일이 아닙니다. 옛날부터 사용되어 온 분류법은 색이나 체형 등 겉모습으로 판단하는 방식이었습니다. 그러나 새뿐만 아니라 어떤 생물이든 살아가는 환경에 적합한 체형으로 진화해 나가기 때문에, 비슷한 환경에서 살다 보면 친척도 아닌데 진화 과정에서 모습이 비슷하게 되는 경우가 있습니다. 그래서 겉모습만으로는 분류가 온전히 될 수 없었지요.

그러다가 최근 유전자를 조사해서 생물을 분류하는 연구가 진행됨에 따라, 조류의 계통수도 크게 변화했습니다.

그림 ❷

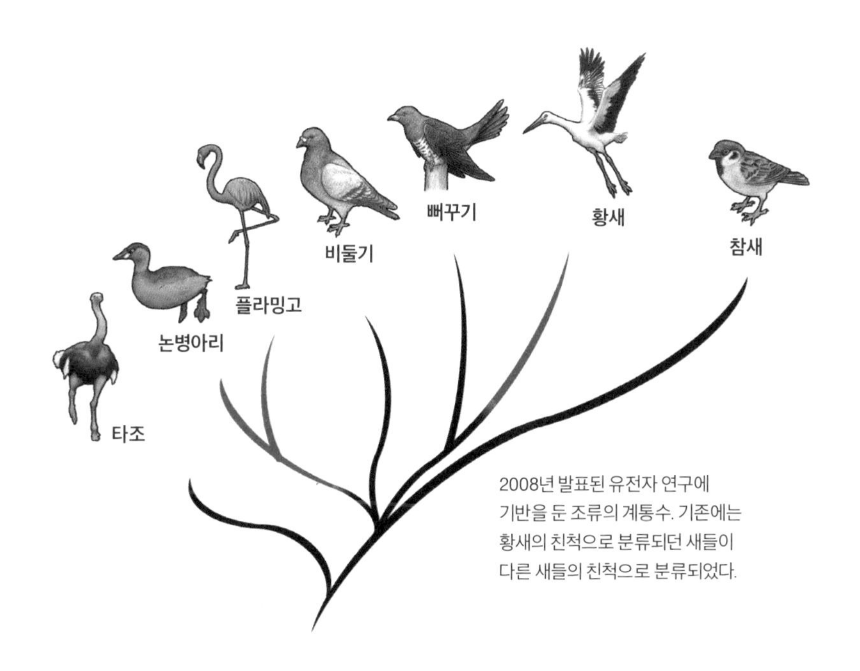

2008년 발표된 유전자 연구에 기반을 둔 조류의 계통수. 기존에는 황새의 친척으로 분류되던 새들이 다른 새들의 친척으로 분류되었다.

예를 들어 예전에는 플라밍고와 황새의 체형이 비슷하다는 이유로 둘을 친척 관계로 보았지요. 그림 ❶ 그러나 2008년 발표된 유전자 연구 기반 조류 계통수를 보면, 플라밍고와 황새는 비슷하게 생겼어도 실제로는 먼 관계임을 알 수 있습니다. 그림 ❷ 플라밍고는 체형과 생활 방식이 전혀 다른 논병아리와 가까운 관계였던 모양으로, 새의 진화는 아직도 많은 수수께끼에 휩싸여 있지요. 훗날 분석 기술이 발전하면 조류의 계통수도 또다시 변화하게 될지도 모릅니다.

조류

타조

Ostrich

타조는 몸무게가 150킬로그램이나 되는, 오늘날의 새 중 세계에서 가장 큰 종입니다. 무거운 몸을 지탱하는 2개의 뒷다리는 단순하고 튼튼하게 만들어져 있어, 시속 70킬로미터로 달리는 것도 가능하지요. 보통 조류의 발가락은 4개이지만, 타조는 앞쪽으로 나 있는 큰 발가락과 작은 발가락 2개밖에 없습니다.

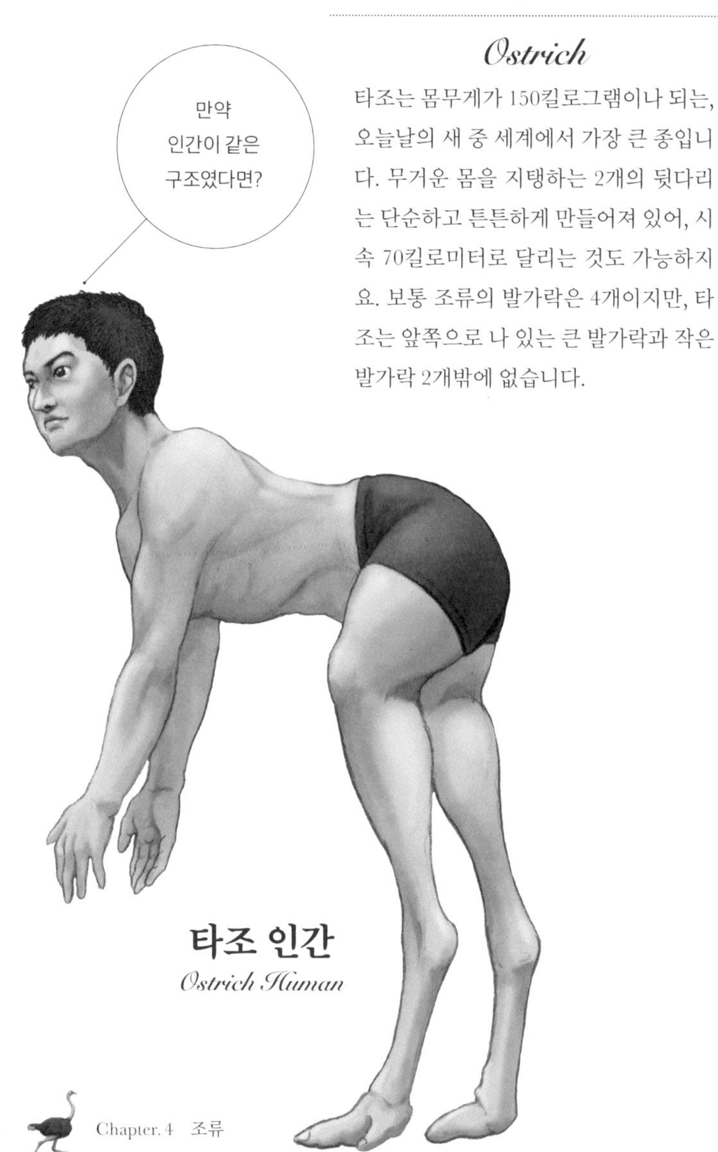

타조 인간

Ostrich Human

How to

타조 인간 만드는 법

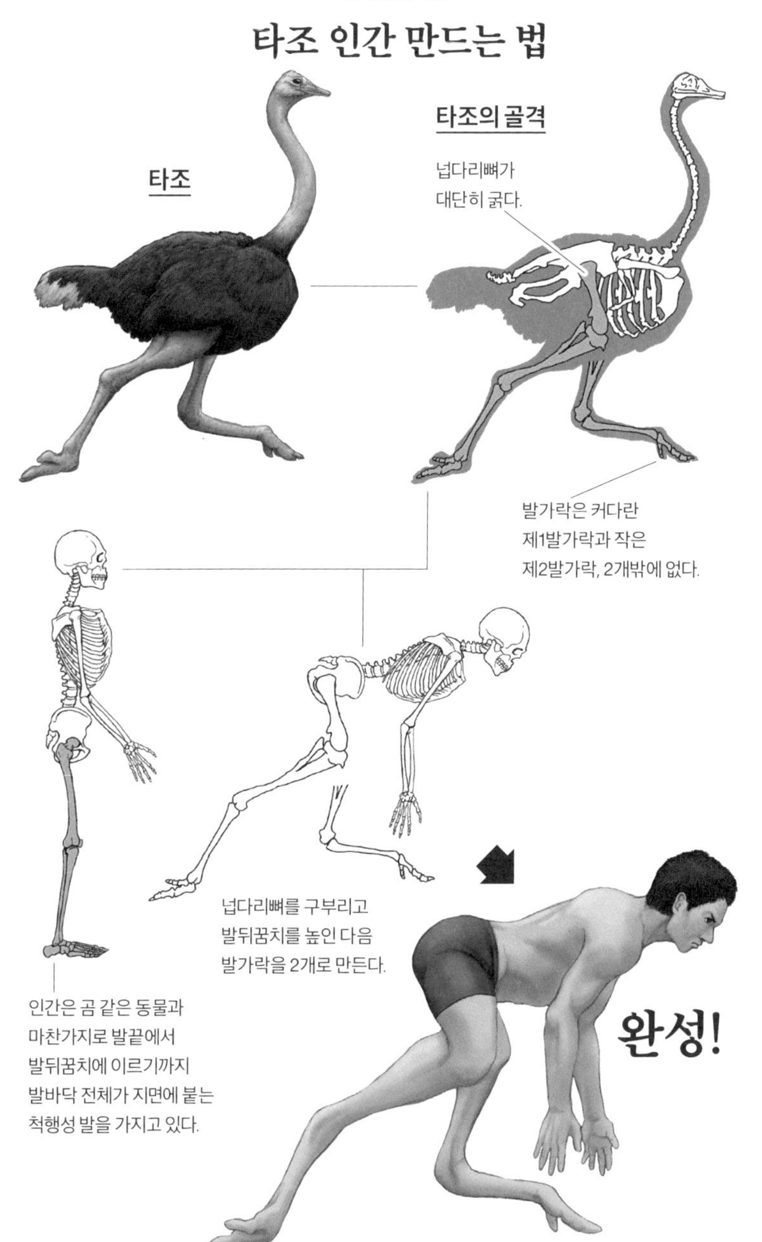

하늘을 날지 않는 새의 매끈한 가슴

새이면서도 하늘을 나는 능력을 잃고 그 대신 달리는 능력이나 헤엄치는 능력을 발달시킨 새도 많이 있습니다. 시속 70킬로미터로 달릴 수 있는 타조가 그 대표적인 예라고 할 수 있겠지요.

타조의 골격에는 다른 새와 크게 다른 점이 있습니다. 새의 복장뼈에는 용골돌기라는 독특한 뼈가 있어서, 힘차게 날갯짓하기 위한 가슴 근육을 지지하지요. 그러나 타조의 몸은 이 용골돌기가 없어져 비행 능력을 잃었습니다. 그림❶ 이런 특징을 지닌 새를 평흉류(Ratite)라고 부르는데 타조 외에도 화식조, 에뮤(*Dromaius novaehollandiae*), 레아 등이 포함됩니다. 다들 날지 못하는 새입니다.

그런데 타조는 아프리카 대륙, 화식조와 에뮤는 오스트레일리아 대륙, 레아는 남아메리카 대륙, 제각기 바다로 가로막힌 별개의 대륙에서 서식합니다. 공통점은 모두 남반구라는 것이지요. 사실 이 남반구 대륙들은 먼 옛날에는 하나로 이어져 있었습니다. 이 거대한 '곤드와나 대륙'에는 타조나 화식조의 공통 조상이 살고 있었다고 추정됩니다. 곤드와나 대륙이 분열하자 타조나 화식조 등 평흉류가 각자 독자적으로 진화를 한 것입니다. 그림❷

그림❶

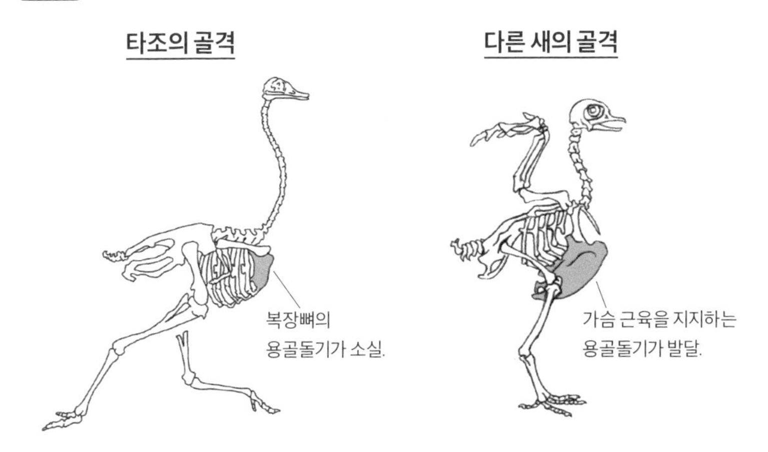
타조의 골격
다른 새의 골격
복장뼈의
용골돌기가 소실.
가슴 근육을 지지하는
용골돌기가 발달.

그림❷

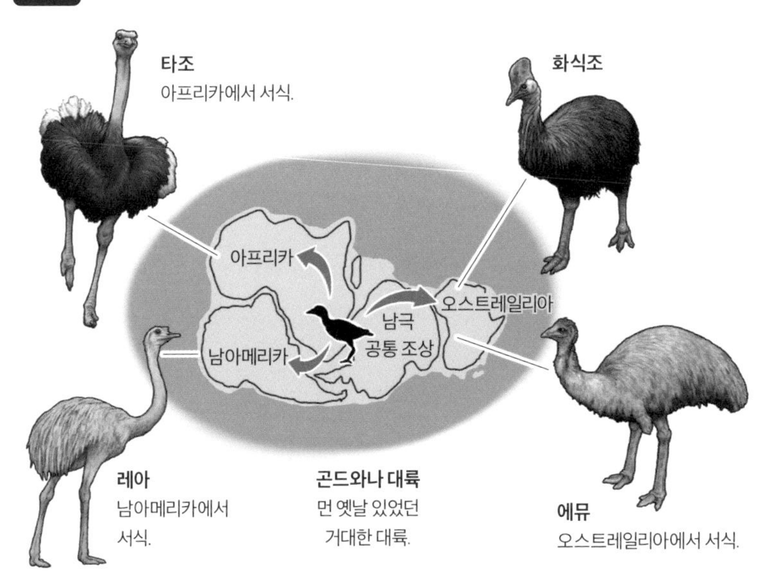
타조
아프리카에서 서식.
화식조
아프리카
오스트레일리아
남극
공통 조상
남아메리카
레아
남아메리카에서
서식.
곤드와나 대륙
먼 옛날 있었던
거대한 대륙.
에뮤
오스트레일리아에서 서식.

조류

벌새

Hummingbird

벌새는 그 이름 그대로 벌과 같이 붕붕 소리를 내면서 하늘을 나는데, 공중에 정지하듯이 떠 있는 비행법(호버링) 덕분입니다. 이것은 고속으로 날개를 움직이기 때문에 가능한데, 비밀은 몸 전체에서 큰 면적을 차지하는 거대한 용골돌기에 있습니다.

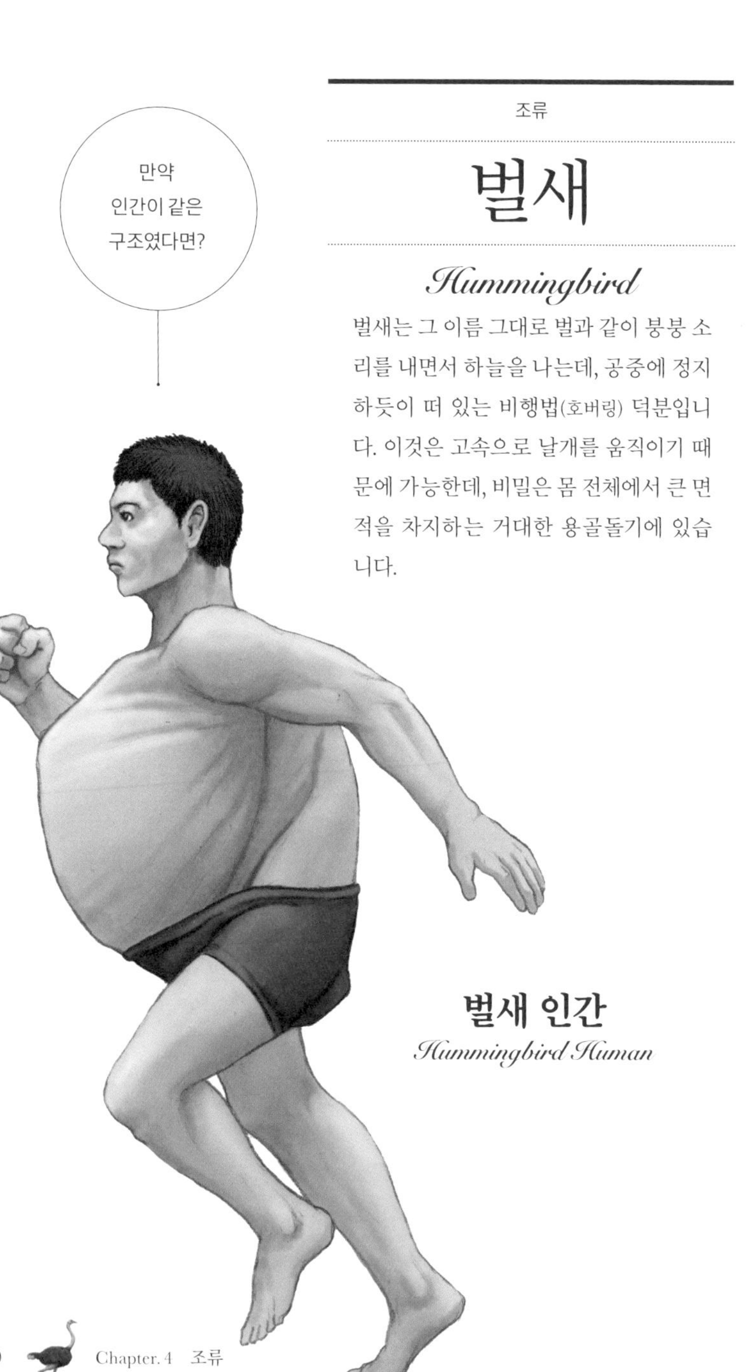

벌새 인간

Hummingbird Human

How to

벌새 인간 만드는 법

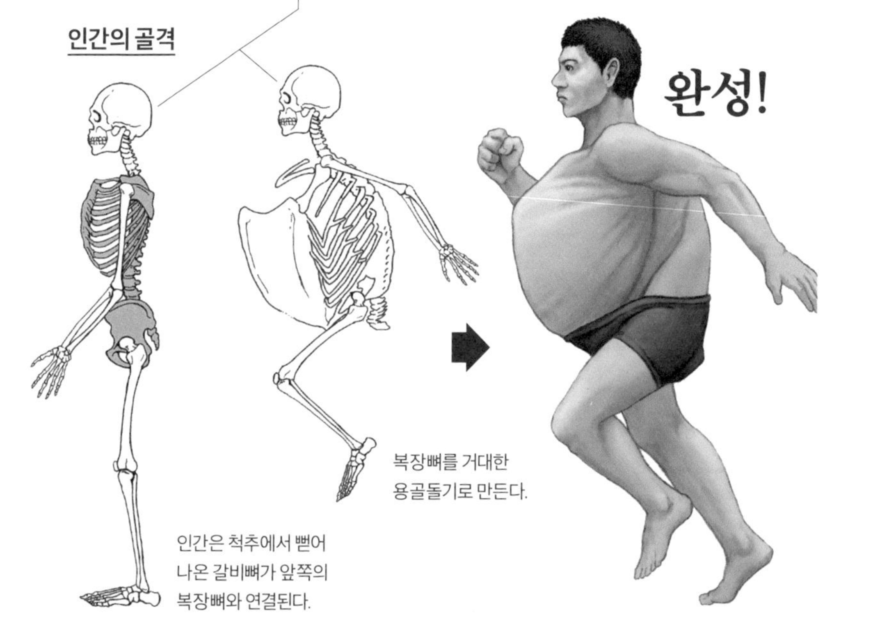

작은 몸에 들어찬 근육과 뼈

벌새는 대단히 작은 새로, 쿠바에서 서식하는 가장 작은 종인 꿀벌벌새(*Melisuga helenae*)의 경우 몸길이 5~6센티미터, 몸무게도 2그램이 채 되지 않을 정도입니다.

이 작은 몸으로 벌새는 고속으로 날개를 움직여 정지 비행(호버링)을 하는데, 이 고속 날갯짓을 가능하게 하는 것이 큰가슴근입니다. 몸 전체 대비 큰가슴근의 비율은 인간이 5퍼센트, 날갯짓하는 일반적인 조류는 25퍼센트 정도지만, 벌새는 무려 40퍼센트나 됩니다. 그리고 이 어울리지 않을 정도의 근육을 지탱하기 위해서는 거대한 용골돌기가 필요하지요. 그림❶

벌새는 가늘고 긴 부리를 꽃 속에 찔러 넣고 꿀을 빨아 먹는데, 이는 고속 날갯짓에 필요한 대량의 에너지와 관련이 있습니다. 그림❷ 벌새는 정지 비행을 하고 있지 않을 때도 에너지 소비가 극심해서, 먹이를 먹지 못한다는 것은 곧 목숨이 달린 문제가 됩니다. 때문에 움직이지 않고 확실하게 그 자리에 있어 섭취하기 용이한 꿀을 선호하게 되었다고 합니다. 또한 벌레 등과 달리 꿀은 소화에 그다지 에너지가 필요하지 않은 먹잇감이라는 점, 앉을 나뭇가지가 없어도 꽃에서 직접 빨아먹을 수 있기 때문에 같은 먹잇감을 노리는 맞수가 없다는 점 등도 벌새가 꿀을 먹잇감으로 선택한 이유로 추정됩니다.

그림 ❶

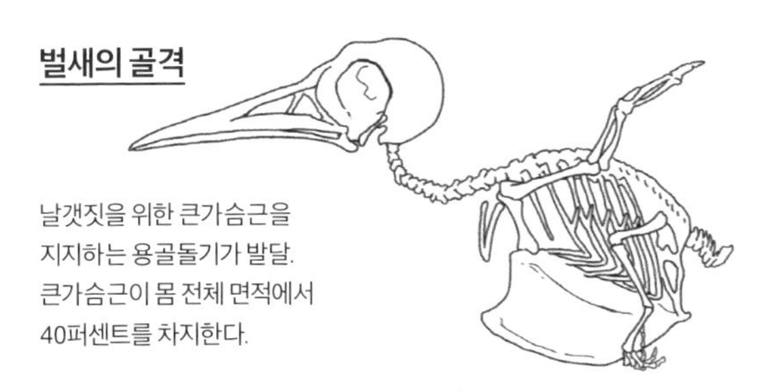
벌새의 골격
날갯짓을 위한 큰가슴근을
지지하는 용골돌기가 발달.
큰가슴근이 몸 전체 면적에서
40퍼센트를 차지한다.

그림 ❷

꽃에서 꿀을 빨기 때문에
나무에 앉지 않고 정지
비행하면서 섭식한다.
세계에서 가장 작은 새, 꿀벌벌새는
몸길이 5센티미터, 몸무게는 1원
동전 3개의 무게 정도. (약 2그램)

조류

백조

Swan

백조의 목은 가늘고 길며, S자로 구부러져 있는 모습을 흔히 볼 수 있습니다. 이처럼 목을 유연하게 구부릴 수 있는 것은 목뼈(경추)가 많고, 따라서 관절도 많기 때문이지요. 덕분에 백조는 일본의 목 긴 요괴처럼 목을 구부릴 수 있습니다.

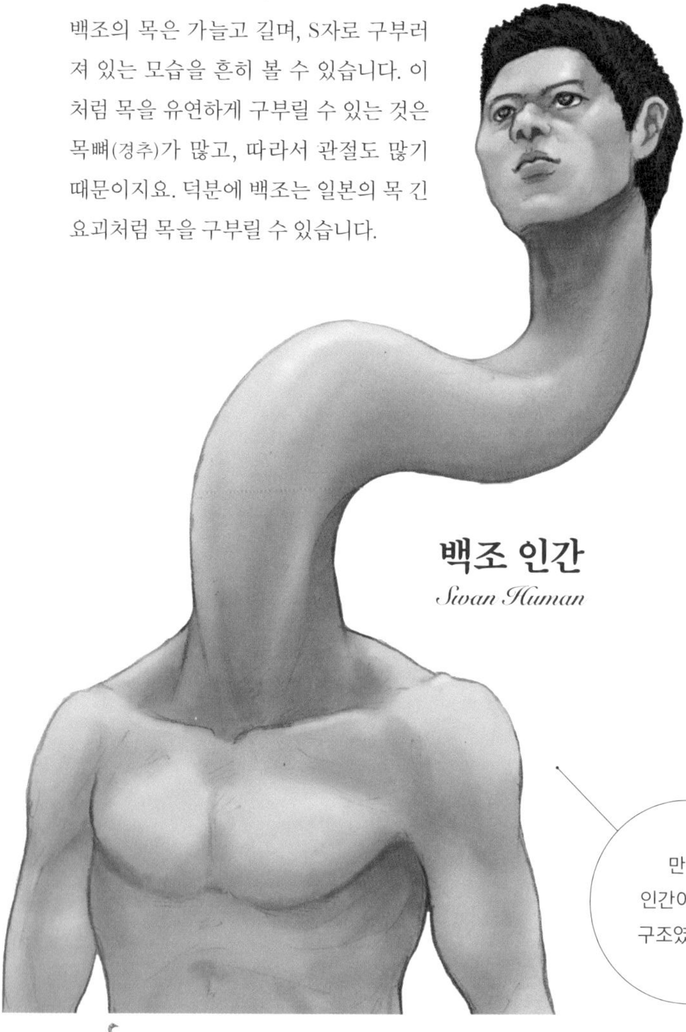

백조 인간

Swan Human

만약
인간이 같은
구조였다면?

How to

백조 인간 만드는 법

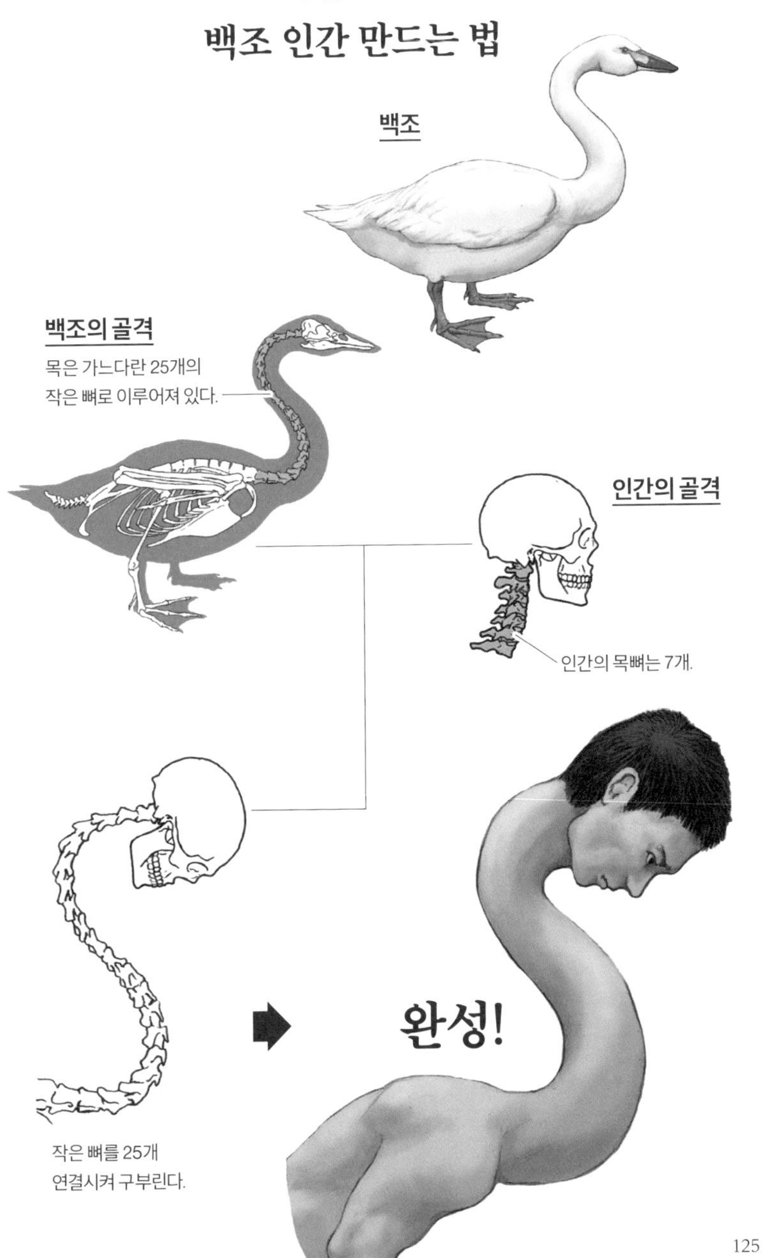

유연하게 구부러지는 긴 목

조류는 목뼈의 개수가 11개에서 25개로, 종에 따라 제각기 다릅니다. 백조의 목뼈는 25개로, 가장 많은 목뼈를 가지고 있는 새라고 할 수 있지요. 그림❶ 포유류는 몇몇 예외를 제외하면 7개밖에 없습니다. 목이 긴 동물로 잘 알려진 기린도 7개로, 목뼈 하나하나의 길이가 긴 것뿐입니다. 그림❷ 때문에 기린은 백조와 같이 유연하게 목을 구부릴 수는 없습니다.

어째서 백조는 목뼈가 많고 유연한 목을 가지고 있는 것일까요? 새는 하늘을 날기 위해 몸을 극한까지 가볍게 했습니다. 그 경량화의 일환으로 뼛속에 빈 공간을 만들기도 했지만, 뼈와 뼈의 연결 부분을 늘리거나 뼈와 뼈를 결합하거나 해서, 몸이 가벼워져도 구조적으로 약해지지는 않았지요. 하지만 그 반대급부로 새는 골격에 유연성이 떨어져 몸통을 구부릴 수 없는 등 움직임에 제한이 있습니다. 어쩌면 백조는 유연성이 없는 몸을 보완하고자 목뼈의 개수를 늘림으로써 유연한 목을 가지게 되었을지도 모릅니다.

수면에 떠서 지내는 백조는 먹잇감을 포식할 때 상반신만 물속에 들어가 곤충이나 갑각류를 부리로 포식하는데, 그때 유연하게 구부러지는 긴 목은 대단히 유용하게 쓰이지요. 그림❸ 이처럼 인간이 손으로 하는 일을 새는 목과 부리로 하는 것입니다.

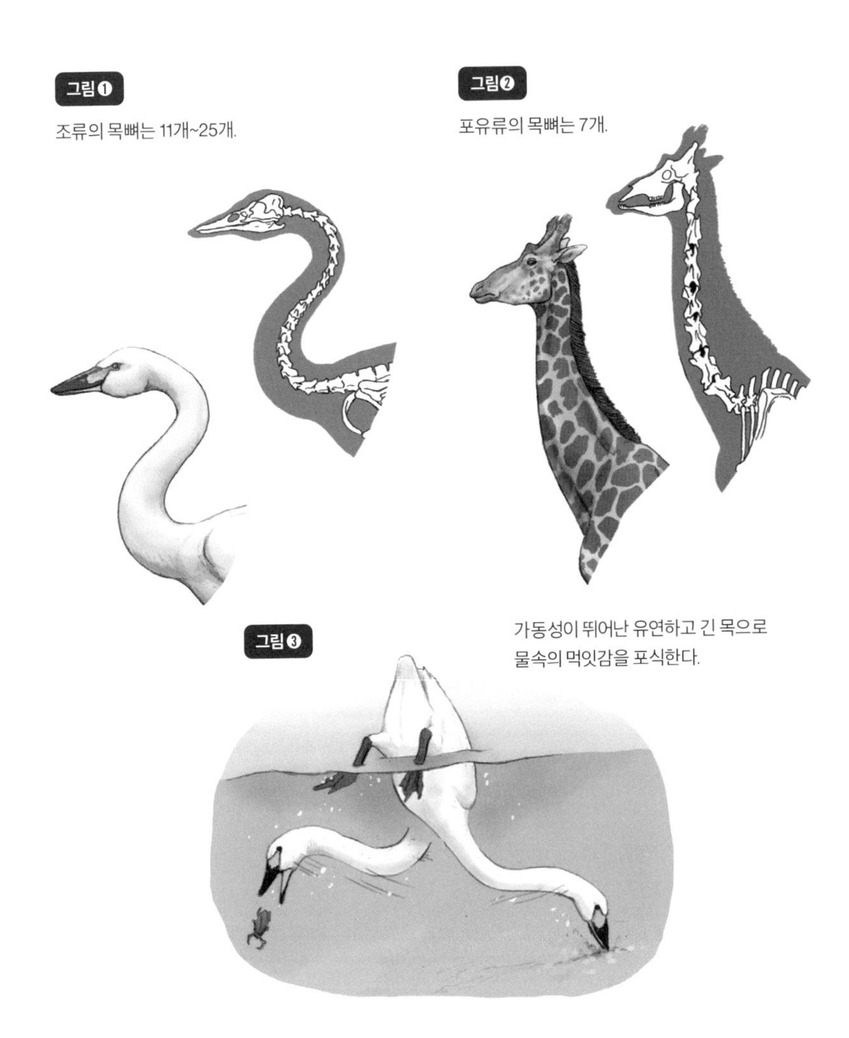
그림 ❶
조류의 목뼈는 11개~25개.
그림 ❷
포유류의 목뼈는 7개.
그림 ❸
가동성이 뛰어난 유연하고 긴 목으로
물속의 먹잇감을 포식한다.

조류

물꿩

Jacana

물꿩은 물가를 좋아하는 새입니다. 다른 새보다 발가락이 긴 것이 특징으로, 연잎 등 물풀 위를 걸어도 물에 가라앉지 않지요. 그 비밀은 눈 많은 지방의 사람들이 신는 덧신인 '설피'와 같이 접지 면적을 넓혀서 물풀에 가해지는 압력을 분산시키는 발가락에 있습니다.

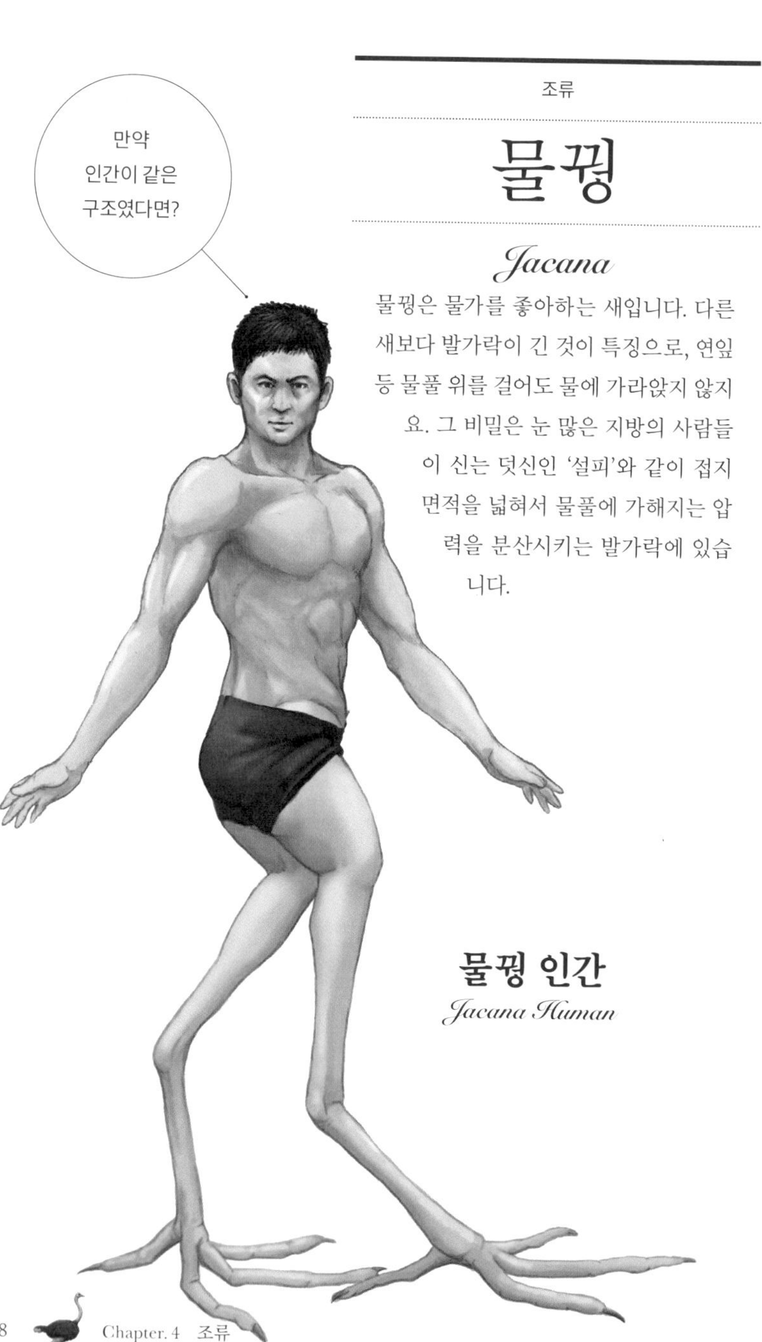

물꿩 인간
Jacana Human

How to

물꿩 인간 만드는 법

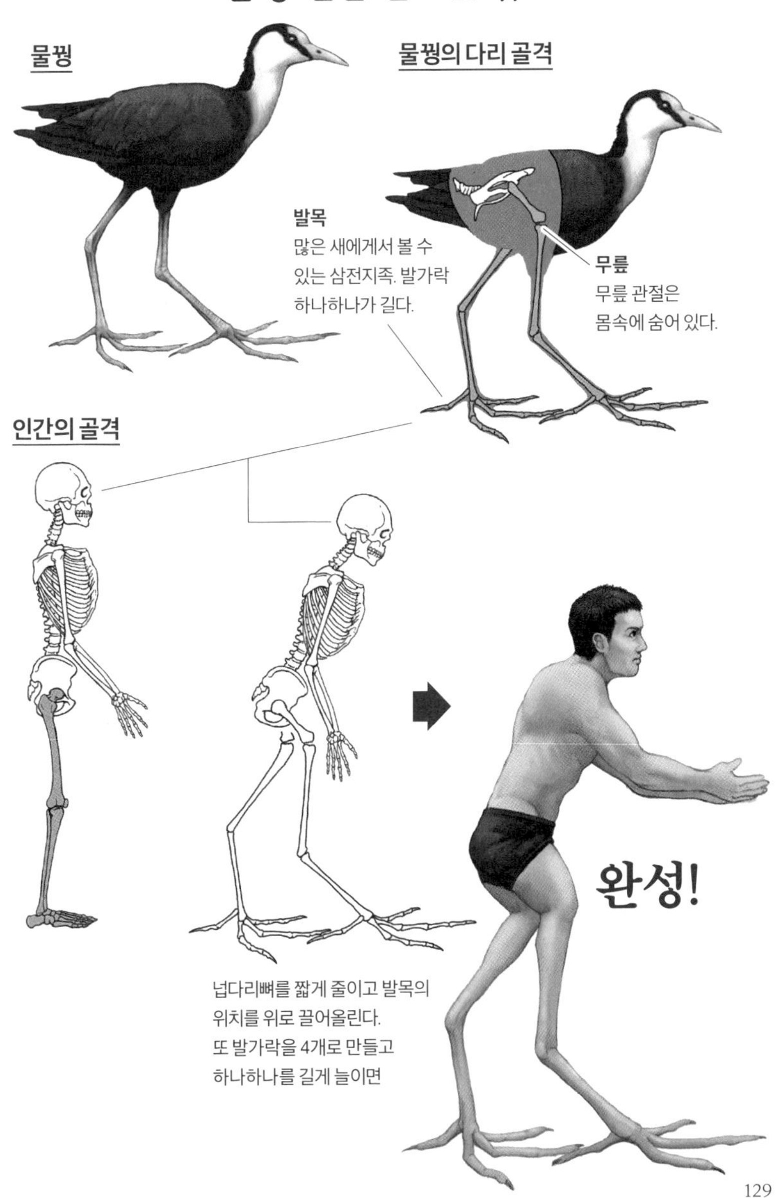

'설피'와 같은 발

물꿩은 물풀 위를 걸을 수 있는 새인데, 그 비밀은 긴 발가락에 있습니다. 만약 물꿩의 발가락이 짧았다면 좁은 범위에 물꿩의 몸무게 전체가 집중되어 물풀이 견디지 못하고 가라앉겠지요. 그러나 긴 발가락 덕분에 물풀에 가해지는 압력을 분산시킬 수 있는 것입니다. 이 원리는 과거 우리 조상들이 눈이 많이 쌓인 곳을 걸을 때 신었던 '설피'와 같습니다. 설피는 나무로 엮은 고리를 장착한 특수한 덧신으로, 이것을 신으면 눈에 가해지는 압력을 분산시킬 수 있지요. 그림❶

물꿩뿐만 아니라 새의 발뼈는 포유류의 발뼈에 비해 대단히 단순한 구조로 되어 있습니다. 그림❷ 인간의 발은 발허리뼈가 발목뼈에서부터 발가락의 개수만큼 나 있는데, 새는 이 뼈가 결합해 1개로 되어 있지요. 또한 발가락의 개수 자체도 그렇지만 뼈의 개수도 적고 단순해, 가볍고 튼튼한 것을 최우선하는 구조로 되어 있습니다.

게다가 발가락의 형태도 새에 따라 다양합니다. 물꿩과 같이 발가락이 앞쪽으로 3개, 뒤쪽으로 1개가 나 있는 '삼전지족', 나뭇가지를 붙드는 데 특화된 '대지족', 돌밭 등에 구부러진 발톱을 걸기 쉽게 모든 발가락이 앞쪽으로 나 있는 '개전지족' 등, 새가 사는 환경에 따라 그에 맞는 발가락의 형태가 있습니다. 그림❸

발가락이 길어 '설피'와 같이 자기 몸무게에
의한 압력을 분산, 물 위에 떠 있는
수련이나 마름의 잎 위를 걸을 수 있다.

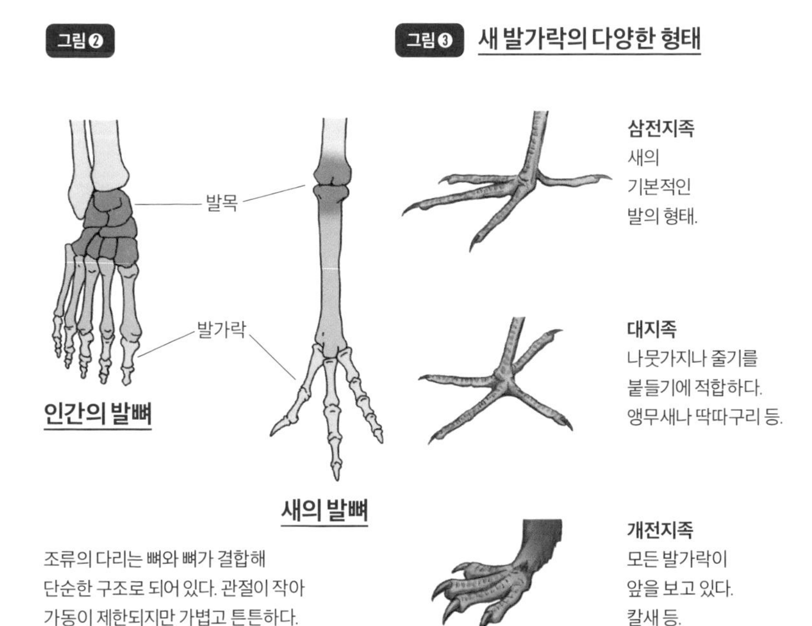

조류의 다리는 뼈와 뼈가 결합해
단순한 구조로 되어 있다. 관절이 작아
가동이 제한되지만 가볍고 튼튼하다.

딱따구리

Woodpecker

딱따구리는 가늘고 긴 부리로 나무줄기를 쪼아 구멍을 뚫는 새로 잘 알려졌지요. 이때 나무에 수직으로 달라붙을 수 있는 것은 딱따구리 특유의 자세와, 나무줄기를 붙드는 발가락 덕분입니다. 또한 꼬리 중앙의 단단한 두 가닥의 깃털을 나무줄기에 대고 버팀목 삼아 몸을 지지합니다.

만약
인간이 같은
구조였다면?

딱따구리 인간

Woodpecker Human

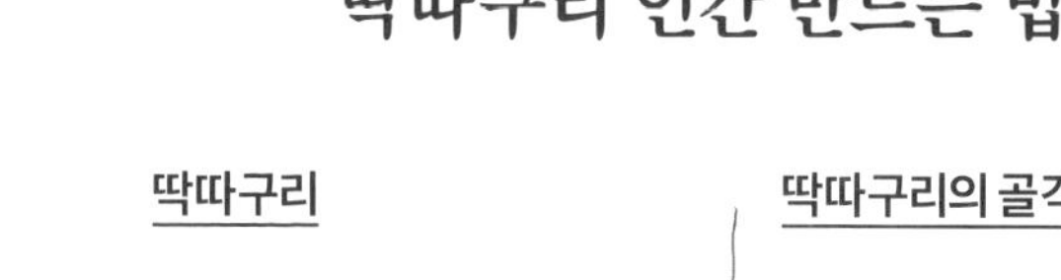

딱따구리

딱따구리의 골격

인간의 골격

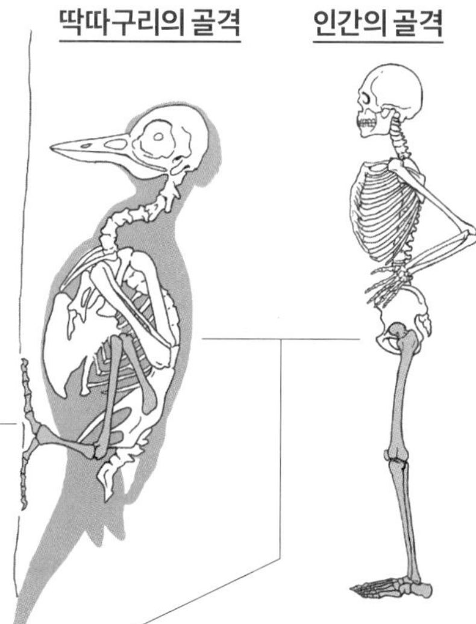

딱따구리는 각각 2개의 발가락이 앞뒤로 배치된 대지족으로 나무에 수직으로 달라붙을 수 있게 적응했다.

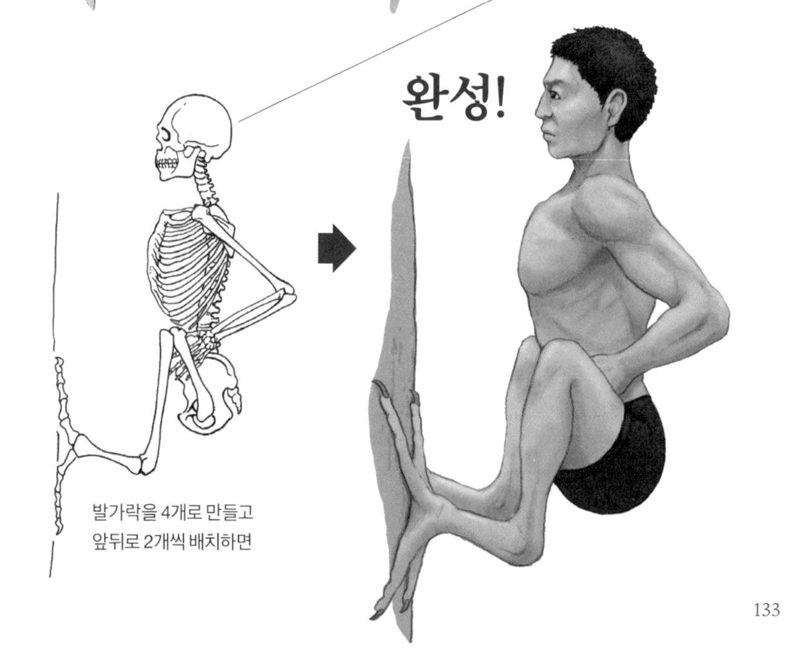

충격으로부터 머리를 보호하는 구조

나무줄기에 수직으로 달라붙어 부리로 쪼아 구멍을 뚫는 것으로 잘 알려진 딱따구리. 그러나 '딱따구리'는 사실 특정한 새의 이름이 아닙니다. 딱따구리는 나무를 쪼아 구멍을 뚫는 습성을 가지고 있는 딱따구릿과의 새들을 통틀어 일컫는 총칭으로, 쇠딱따구리(*Dendrocopos kizuki*), 청딱따구리(*Picus canus*), 오색딱따구리(*Dendrocopos major*) 등 약 230종을 딱따구리라고 부릅니다.

딱따구릿과의 새들은 나무껍질 속에 숨어 있는 곤충 등을 먹기 위해 나무줄기를 쪼는데, 발 외에도 단단한 꼬리를 나무줄기에 대고 버팀목으로 삼지요. 쪼는 속도는 초당 20회로, 그 충격은 시속 25킬로미터로 벽에 부딪히는 것에 맞먹는다고 합니다. 그림❶ 이렇게 엄청난 속도로 나무줄기를 쪼면 뇌가 받는 피해도 상당할 것 같지만, 딱따구리와 그 친척들의 머리는 충격으로부터 뇌를 보호하기 위한 다양한 수단을 갖추고 있습니다.

우선 부리 밑동의 발달한 근육이나 스펀지와 같이 변화한 머리뼈 일부가 충격을 흡수해 줍니다. 또한 끈과 같은 독특한 형태의 혀 뼈가 머리뼈 전체를 휘감고 있는데, 이것이 스프링과 같이 기능해 뇌에 가해지는 충격을 줄여 주지요. 그림❷ 게다가 진동으로 눈이 튀어나오지 않게, 눈의 위아래에 있는 기본 눈꺼풀 외에 안구를 꽉 고정하기 위한 제3의 눈꺼풀도 가지고 있습니다.

그림 ❶
딱따구릿과 까막딱따구리
초당 20회의 속도로
나무줄기를 쫀다.
그림 ❷
독특한 형태의 혀 뼈.
끈과 같은 형태의 뼈로
머리뼈를 휘감고 있어
충격에서 뇌를 보호한다.

Column.4 과도기의 동물④ 양서류에서 포유류로

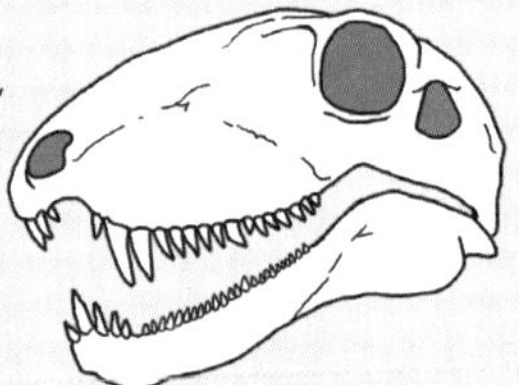

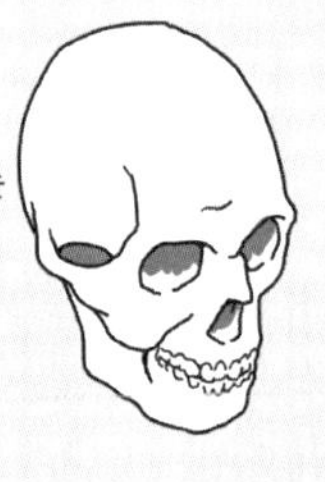

반룡류에서 수궁류로

그럼 잠깐 이야기를 되돌려 볼까요. 양서류로부터 진화한 동물은 땅 위에서 새끼를 낳기 위해 태아를 양막으로 감싸고 양수 속에서 키우는 시스템을 도입했습니다. (62쪽 참조) 이 유양막류로는 파충류 외에 단궁류(Synapsid)라는 그룹이 있었지요. 포유류는 바로 단궁류로부터 등장했습니다. 지금까지 알려진 가장 오래된 단궁류는 약 3억 년 전에 서식하던 아르카이오티리스(*Archaeothyris*)입니다. 도마뱀과 비슷한 생물로, 단궁류의 최대 그룹인 반룡류(Pelycosauria)로 분류하지요. 반룡류로 대표적인 종이 등의 커다란 돛이 눈에 띄는 디메트로돈(*Dimetrodon*)입니다. 그림❶ 디메트로돈이란 '두 종류의 이빨'이라는 뜻으로, 이러한 특징을 '이치성'이라고 합니다. 포유류인 우리 인간은 먹을 것을 물어 끊는

앞니와 잘게 으깨는 어금니 등, 용도에 따라 이의 형태에 차이가 납니다. 바로 이 이치성의 발현이 포유류 진화의 첫걸음입니다.

반룡류에서 포유류를 향해 더욱 다가간 것이 수궁류(Therapsid)라는 그룹이지요. 수궁류인 고르고놉스류(Gorgonopsidae)는 '체모'가 있었다고 합니다. 또한 위턱뼈의 표면에서 작게 파인 홈이 확인된 종도 있어서, 고양이나 개와 같이 감각 기관 역할을 하는 수염이 있었을지도 모릅니다. 또한 고르고놉스류는 당시 생태계의 정점에 섰던 강력한 육식 동물로, 긴 송곳니가 있었으며 뒷다리는 몸통에서 아래로 뻗은 직립 보행 타입이었지요. 이처럼 고르고놉스류는 오늘날의 포유류, 즉 육식 동물을 연상시키는 모습을 가지고 있었습니다. 그림 ❷

단궁류·수궁류·키노돈류

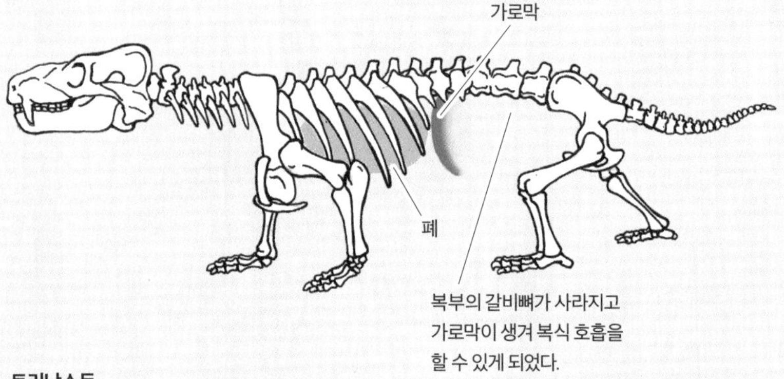

트리낙소돈

키노돈류

단궁류 중 가장 포유류와 가까운 것은 키노돈류(Cynodontia)로, 포유류는 이 그룹으로부터 등장한 것이 틀림없습니다. 키노돈류의 트리낙소돈(*Thrinaxodon*)은 복부의 갈비뼈가 사라지고 흉부와 복부 사이에 오늘날의 포유류처럼 '가로막(횡격막)'이 있었을 것으로 추정합니다. 가로막은 흉부와 복부를 나누는 포유류만의 근육막으로, 이 가로막 덕분에 허파에 대량의 산소를 공급하는 효과적인 호흡이 가능해졌지요. 트리낙소돈이 서식하던 트라이아스기(약 2억 5000만 년~2억 년 전)는 저산소 상태가 계속되던 시대로, 그와 같은 환경에 적응하기 위해 가로막이 발달한 것으로 추정됩니다.

Chapter.5

포유류

Mammalian

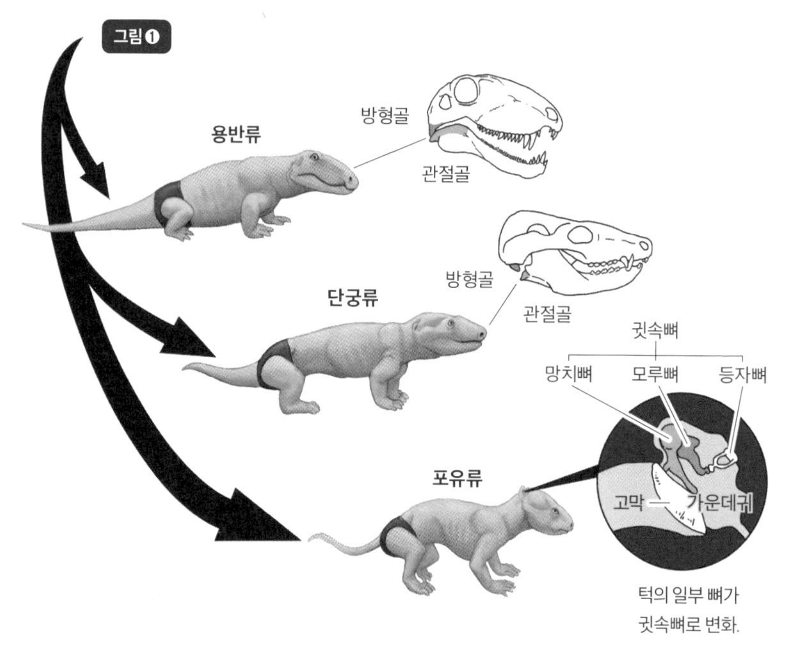

포유류의 특징

애당초 포유류란 무엇일까요? 글자로 보면 포유류란 '모유로 새끼를 키우는 동물'이라는 뜻입니다. 어쩌면 키노돈류 중에도 모유로 새끼를 키우는 동물이 있었을지도 모릅니다. 그러나 발굴된 화석만 가지고 그 동물이 포유 행동을 했는지 여부를 알아내기는 쉬운 일이 아니지요.

화석을 통해서 포유류인지 여부를 알 수 있는 특징으로는 귓속뼈가 있습니다. 귓속뼈는 소리를 고막에서 머리뼈 내부로 전달하는 역할을 하는 작은 뼈인데, 포유류의 귓속뼈는 '망치뼈', '모루뼈', '등자뼈' 3개의 뼈로 구성되지요. 포유류의 조상이 되는 원시 단궁류는 3개의 뼈 중 망치뼈와 모루뼈가 아직 귓속뼈가 아니라 턱관절을 구성하는 '방형골'과 '관절골'이라는 뼈였습니다. 그림❶

그림❷

포유류의 다양한 이빨. 이빨의
다양성은 포유류의 특징이기도 하다.

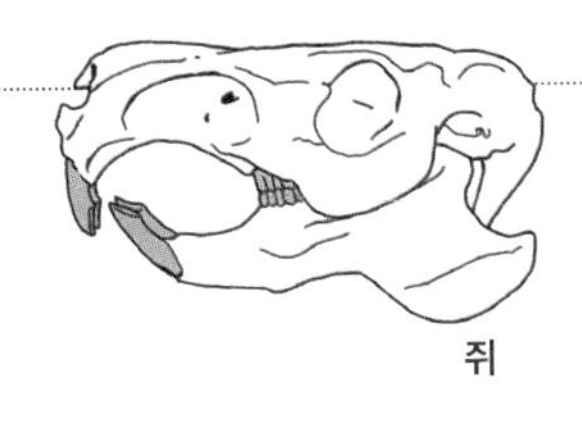

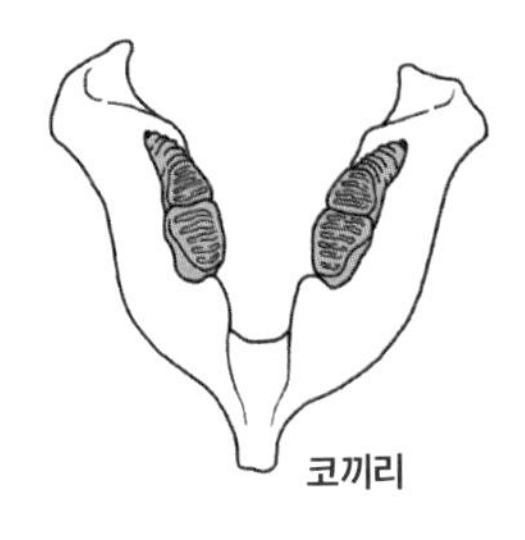

또 하나 포유류의 중대한 특징으로 다른 등뼈동물과 명확하게 차이 나는 부분이 있습니다. 그것은 바로 이빨 형태의 복잡성과 다양성입니다. 우리 인간도 앞니, 송곳니, 어금니와 같이 서로 다른 형태의 이를 가지고 있으며, 다른 포유류도 저마다 독특한 이빨을 가지고 있지요. 이빨만으로도 쥐의 이빨인지, 코끼리의 이빨인지, 종을 알아낼 수 있을 정도로 다양하다고 합니다. 포유류마다 제각기 그 식성에 따라 먹잇감을 씹는 데 가장 효과적인 이빨 형태를 가지고 있는 것입니다. 그림❷

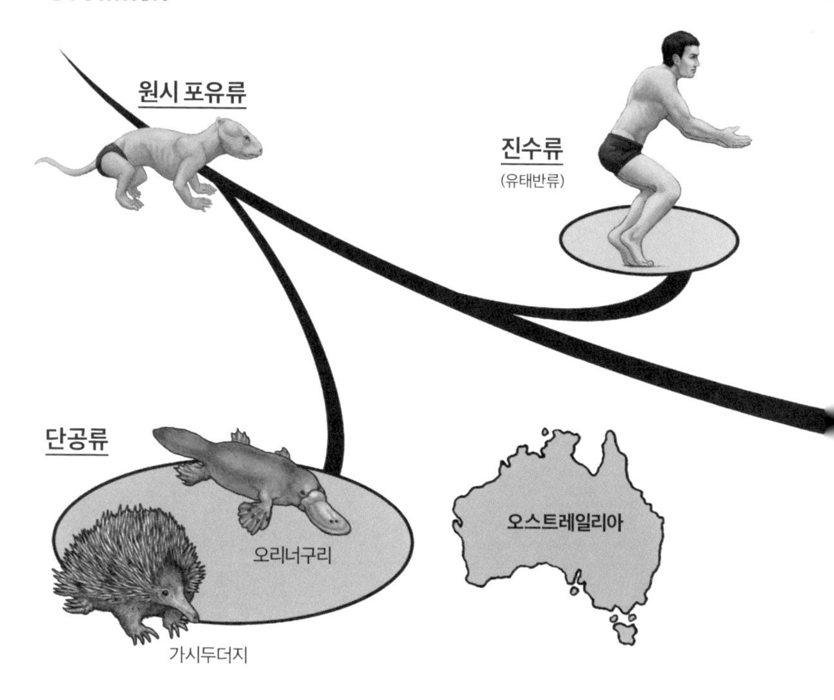

단공류와 유대류

포유류 계통수의 근본에서 발생, 원시적인 모습 그대로 오늘날까지 살아남은 것이 단공류(Monotremata)입니다. 오늘날 단공류는 오스트레일리아 대륙과 뉴기니의 오리너구릿과(Ornithorhynchidae) 1종과 가시두더짓과(Tachyglossidae) 4종을 포함해 불과 5종만이 서식하고 있지요. 포유류는 일반적으로 새끼를 낳는 태생 동물이지만, 오리너구리(*Ornithorhynchus anatinus*)나 가시두더지 등 단공류는 알을 낳는 난생 동물입니다. 또한 알에서 태어난 새끼가 다른 포유류처럼 젖꼭지에서 모유를 빠는 것이 아니라, 어미의 복부에서 배어 나오는 모유를 핥아 먹는 독특한 특징을 가지고 있는데, 이렇게 유선이 미발달했다는 점도 포유류답지 않고 원시적이라 할 수 있겠습니다.

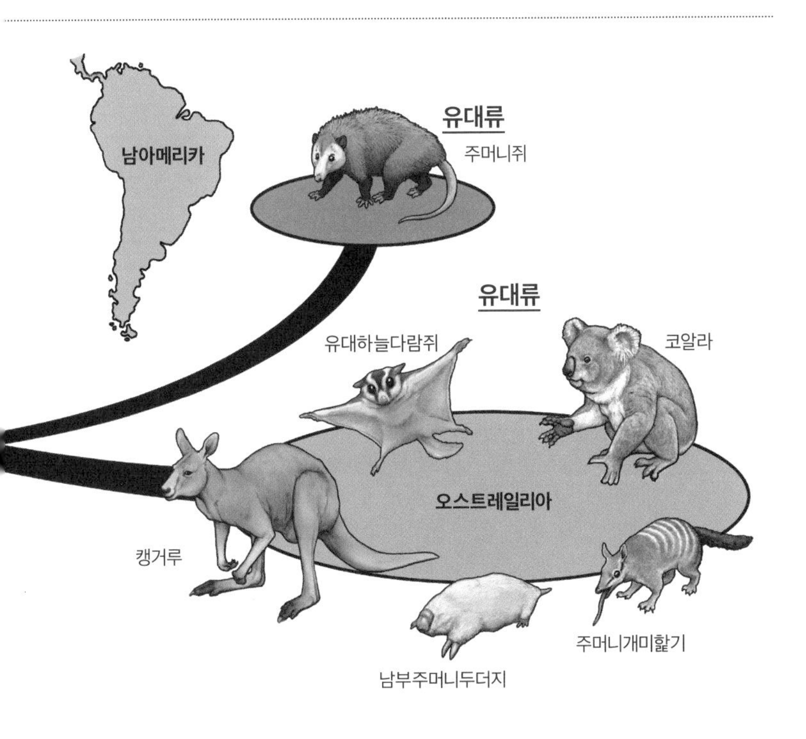

한편 단공류가 서식하는 오스트레일리아에는 또 한 종류, 코알라(*Phascolarctos cinereus*)나 캥거루 등 대륙 고유의 포유류가 있습니다. 이들은 유대류(Marsupialia)라는 그룹으로, 남아메리카에서도 서식합니다. 유대류는 미숙한 태아를 낳아 암컷의 복부에 있는 육아낭이라는 주머니 속에서 젖을 먹여 키우며, 어느 정도 성장할 때까지 보호하지요.

유대류는 두 계통으로 크게 나뉘는데, 남아메리카 기원으로 추정되는 주머니쥐목(Didelphimorphia) 등과 오스트레일리아에서 기원한 것으로 추정되는 캥거루목(Diprotodontia)입니다. 캥거루목은 유대류 중 가장 다양화한 그룹으로, 우리에게 친숙한 코알라나 캥거루, 웜뱃 등이 여기에 해당합니다.

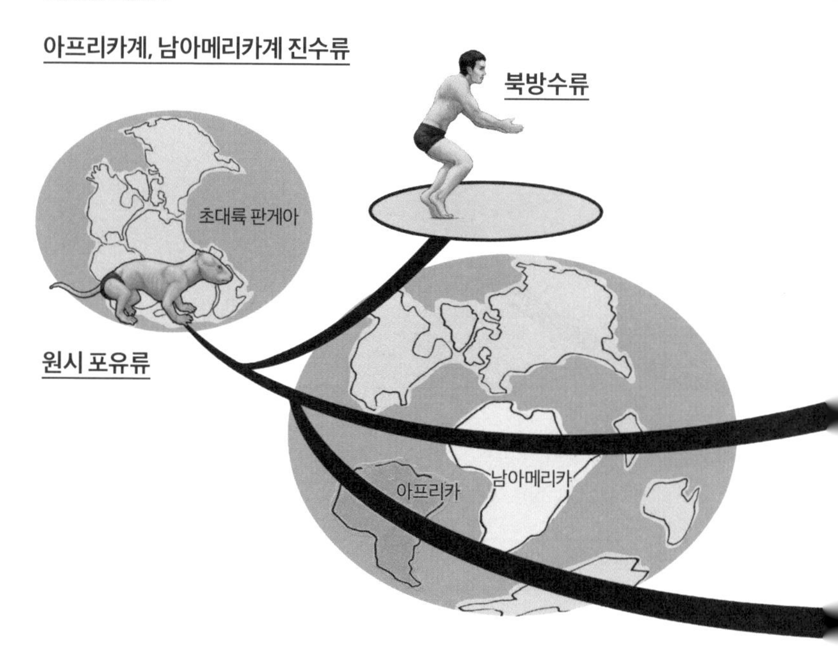

아프리카계와 남아메리카계 진수류

포유류는 단공류와 유대류, 그리고 우리 인간이 포함된 진수류(Eutheria) 셋으로 나뉩니다. 단공류는 알을 낳고, 유대류는 미숙한 태아를 낳아 육아낭에서 키우는 한편, 진수류(유태반 포유류)는 태반을 통해 모체의 영양 등을 태아에게 공급하고 어느 정도 성장한 단계에서 출산하지요. 그러한 진수류 중에서도 일찍 분화한 것이 아프리카수류(Afrotheria)와 이절류(Xenarthra)입니다.

아프리카수류는 아프리카 대륙의 진수류를 기원으로 하며, 아프리카 대륙으로부터 세계 각지로 퍼진 코끼리와 그 친척들, 물속에 적응해 민물과 얕은 바다에 퍼진 듀공(*Dugong dugon*)이나 매너티와 그 친척들, 또 오늘날에도 아프리카 대륙에서 서식하는 고유종인 땅돼지(*Orycteropus afer*), 바위너구리 등이 있지요.

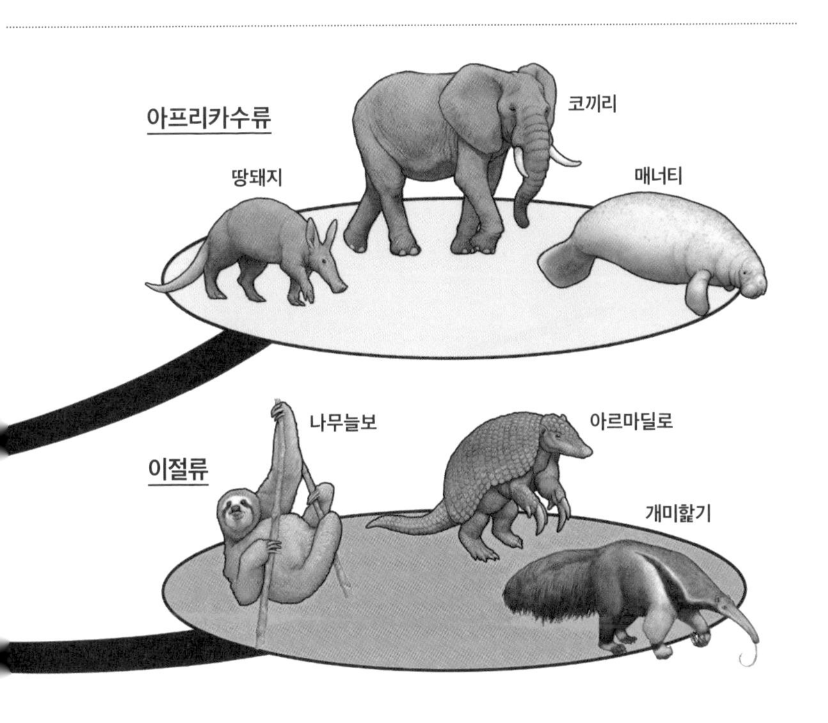

한편 이절류는 남아메리카 대륙을 무대로 진화한 진수류로, 나무늘보나 아르마딜로, 개미핥기가 포함된 그룹입니다. 이들은 허리뼈에 다른 포유류는 가지고 있지 않은, 이절류라는 이름의 유래이기도 한 여분의 관절을 가지고 있습니다. 이 관절의 존재 때문에 허리 쪽 등뼈가 튼튼하게 되어 있지요.

이처럼 대륙 고유의 포유류가 존재하는 데에는 이유가 있습니다. 포유류가 처음 나타나던 무렵에는 모든 대륙이 하나로 이어져 있었지만, 이후 대륙 이동으로 아프리카와 남아메리카 대륙이 분리되어 바다로 가로막힌 섬 대륙이었을 때도 있었지요. 바로 그런 환경에서 포유류는 독자적으로 진화했던 것입니다.

북방진수류

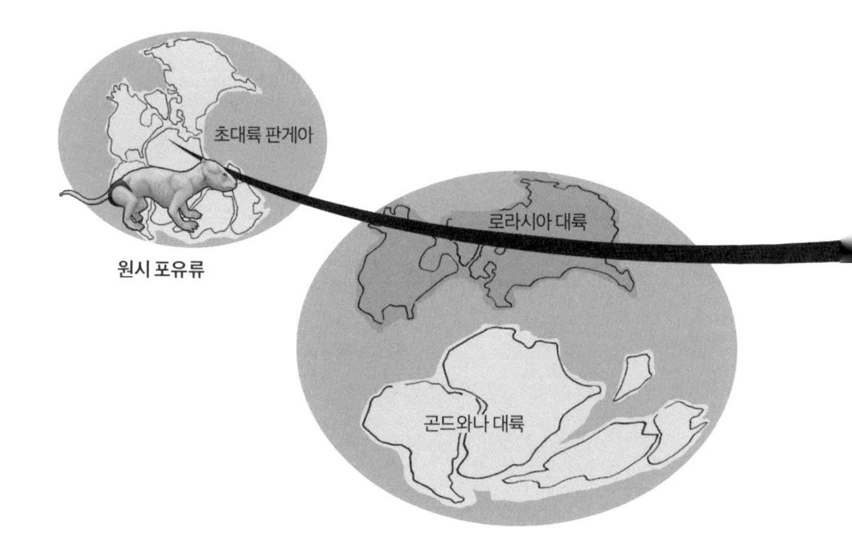

북방진수류

진수류 중에는 아프리카수류와 이절류 외에도 로라시아수류(Laurasiatheria)와 그 자매 계통인 초영장류(Supraprimates)라는 그룹이 있습니다. 이 둘을 합쳐 '북방진수류(Boreoeutheria)'라고도 부르지요.

포유류가 처음 나타나던 무렵에는 모든 대륙이 하나로 이어져 있었지만, 이후 거대한 대륙은 남과 북으로 분단되었습니다. 아시아, 유럽, 북아메리카가 포함된 북쪽 대륙은 로라시아 대륙이었으며, 그 대륙에서 진화한 진수류가 로라시아수류입니다. 이 로라시아수류는 진수류 중에서도 가장 다양화된 그룹으로, 땅속에서 굴을 파는 두더지나 하늘을 나는 박쥐, 고양이나 하이에나와 같은 식육목, 말이나 코뿔소와 같은 기제류, 소와 같은 우제류 등 다양한 육식 동물과

초식 동물을 포함합니다. 또한 최근에 발표된 DNA 분석으로 우제류와 고래는 가까운 관계임이 밝혀져, 소와 그 친척들에 고래와 그 친척들을 더한 '경우제류(Cetartiodactyla)'라는 새 분류명도 생겼지요.

그리고 로라시아수류의 자매군에 해당하는 초영장류는 우리 인간을 비롯해 원숭이와 그 친척들이 포함된 영장류, 쥐나 다람쥐 등에 해당하는 설치류, 토끼와 그 친척들 등이 포함된 그룹입니다. 영장류로는 원시적인 여우원숭이나 안경원숭이 등 원원류, 남아메리카대륙의 '신세계원숭이', 그리고 아프리카나 아시아에 분포하는 '구세계원숭이'가 있으며, 이 구세계원숭이 중에서도 지능이 발달한 그룹이 우리 인간을 비롯해 고릴라나 침팬지 등이 포함된 유인원입니다.

포유류

오리너구리

Platypus

만약
인간이 같은
구조였다면?

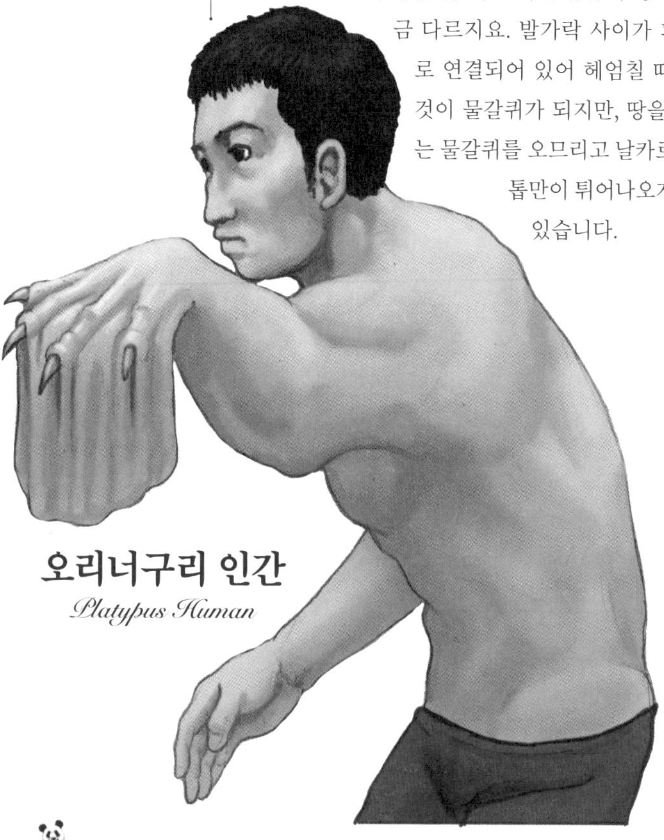

오리너구리는 포유류임에도 불구하고 부리를 가지고 있으며, 또한 알을 낳는 불가사의한 동물입니다. 강가의 땅을 파서 둥지를 만들고 생활하는데, 헤엄칠 때와 땅을 팔 때 쓰이는 앞발의 형태가 조금 다르지요. 발가락 사이가 피막으로 연결되어 있어 헤엄칠 때는 이것이 물갈퀴가 되지만, 땅을 팔 때는 물갈퀴를 오므리고 날카로운 발톱만이 튀어나오게 되어 있습니다.

오리너구리 인간

Platypus Human

How to

오리너구리 인간 만드는 법

별종 포유류

오리너구리는 가장 원시적인 포유류로, 다른 포유류에게서 찾아볼 수 없는 다양한 특징을 가지고 있습니다.

다른 포유류와의 가장 큰 차이점은 알을 낳는다는 것으로, 이 알은 어미가 굴속에서 품어 부화시키지요. 수유 방법도 별난데, 유방이나 유두가 없기 때문에 새끼가 어미의 복부에서 땀처럼 배어 나오는 모유를 핥아먹으며 자랍니다. 이 모유는 대단히 영양 성분이 풍부해, 새끼는 100일이면 약 21센티미터 정도로 자란다고 합니다.

먹잇감으로 곤충이나 갑각류 등을 찾아 물 밑바닥을 뒤지는데, 이때 앞발과 뒷발에 나 있는 물갈퀴가 유용하게 쓰이지요. 둥지를 짓기 위해 땅을 팔 때는 물갈퀴가 방해될 것 같지만, 앞발은 발톱보다 더 뻗어 나온 물갈퀴가 접히는 구조로 되어 있어 방해되지 않습니다. 헤엄칠 때와 땅을 팔 때, 용도에 따라 앞발의 형태가 변하는 것입니다.

그렇지 않아도 여러모로 별난 오리너구리이지만, 이들 단공류의 골격에는 다른 포유류에게서 찾아볼 수 없는 특징이 또 하나 있지요. 그것은 바로 '간쇄골'이라는 뼈로, 빗장뼈와 복장뼈 사이에 있습니다. 사실 이 뼈는 파충류도 가지고 있어서, 이들은 파충류적 특징을 가지고 있는 포유류라고 할 수 있습니다. 원래 포유류도 간쇄골을 가지고 있었지만, 유대류나 우리 진수류는 진화 도중 이 뼈를 잃어버린 반면, 오리너구리 등 단공류는 이 뼈를 유지한 채 오늘날에 이른 것입니다.

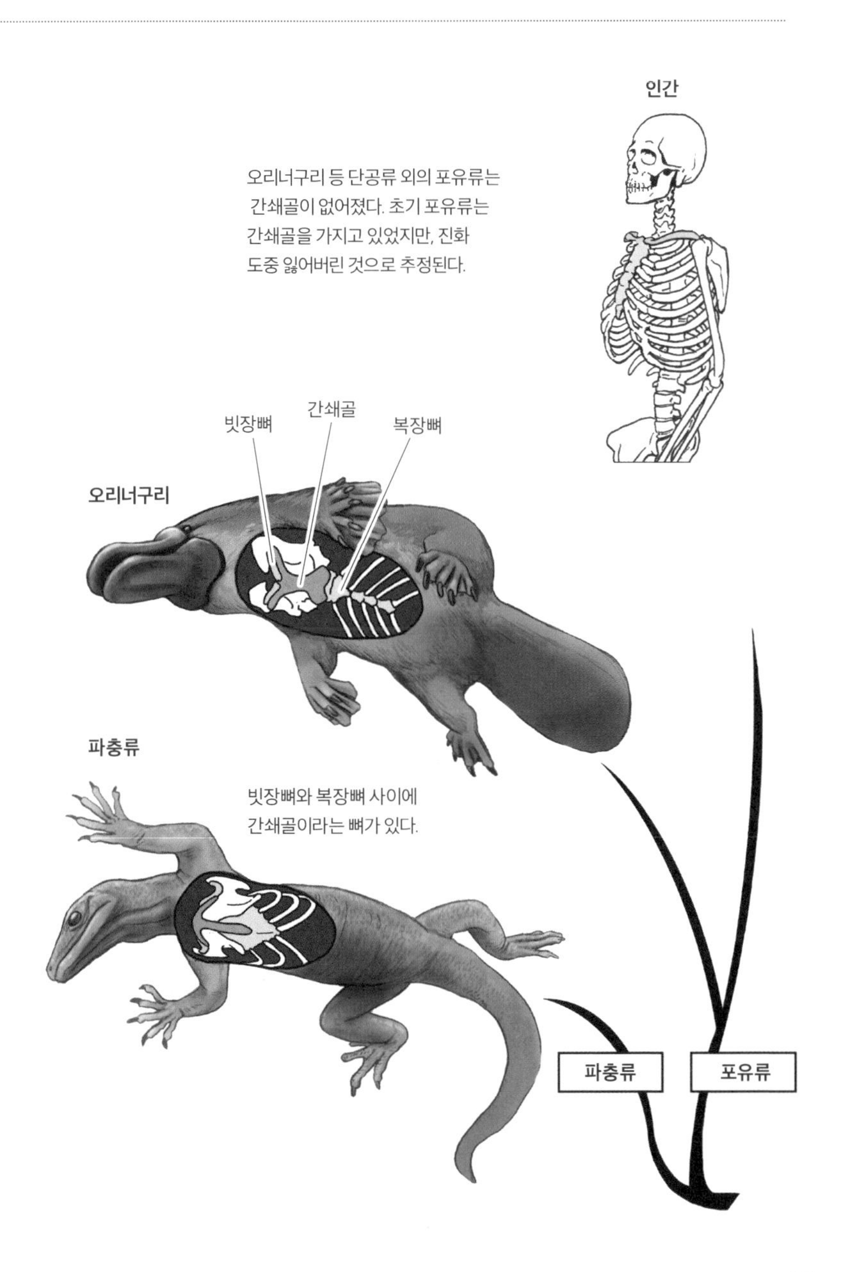
인간
오리너구리 등 단공류 외의 포유류는
간쇄골이 없어졌다. 초기 포유류는
간쇄골을 가지고 있었지만, 진화
도중 잃어버린 것으로 추정된다.
빗장뼈
간쇄골
복장뼈
오리너구리
파충류
빗장뼈와 복장뼈 사이에
간쇄골이라는 뼈가 있다.
파충류
포유류

포유류

쥐

Mouse

쥐 하면 앞니가 불쑥 튀어나온 뻐드렁니라는 이미지가 있습니다. 머리뼈 맨 앞으로 튀어나오듯이 앞니가 나 있기 때문에 이런 모습이 되지요. 앞니는 평생 자라기 때문에, 쥐와 그 친척들은 계속 무언가를 갉아 댐으로써 이빨을 닳게 합니다. 그래서 갉아 대는 이빨이라는 의미로 설치류(齧齒類, Rodentia)라고 불립니다.

만약
인간이 같은
구조였다면?

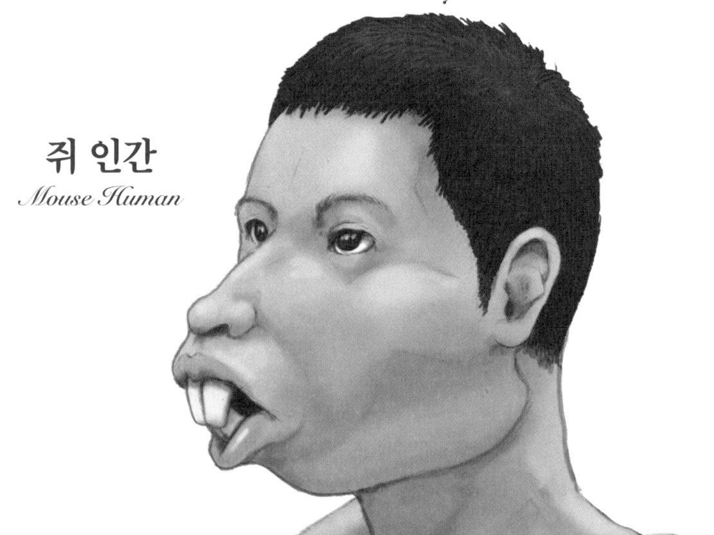

How to

쥐 인간 만드는 법

쥐

쥐의 머리뼈

앞니와 어금니 사이에
큰 공간이 있어 이곳에
먹잇감을 저장해 둔다.

앞니는 크고
날카롭다.

앞니로 부순 것을
어금니로 더욱
잘게 으깬다.

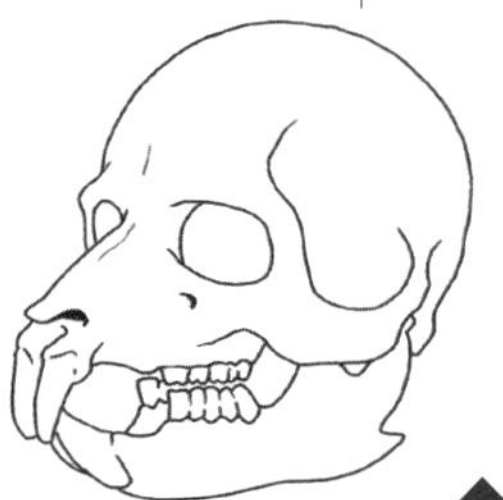

앞니를 거대화시켜 불쑥
튀어나오게 한다. 그리고 앞니와
어금니 사이를 벌려 공간을 둔다.

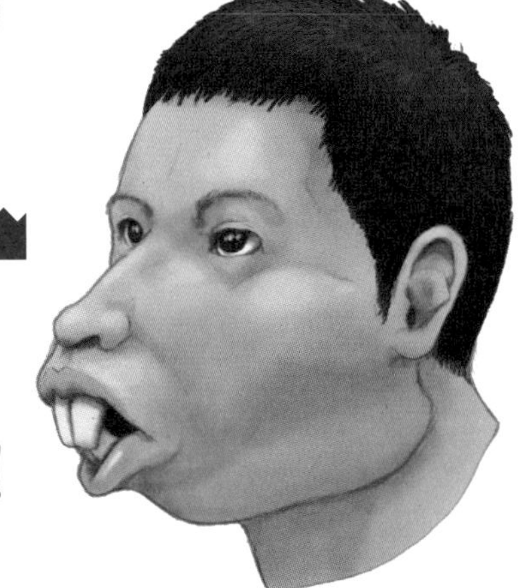

완성!

항상 날카롭게 유지되는 이빨

쥐와 그 친척이 속하는 설치류는 전체 포유류 중 약 40퍼센트를 차지할 정도로 커다란 그룹으로, 다양한 환경에서 찾아볼 수 있습니다. 나무 위에서 사는 종, 땅속에서 굴을 파는 종, 물가를 선호하는 종 등 생활 방식도 다양하고, 카피바라(*Hydrochoerus hydrochaeris*)와 같이 커다란 종에서 생쥐와 같이 작은 종에 이르기까지, 크기도 다양하지요. 그림❶

그들의 공통점은 특징적인 이빨과 머리뼈로, 불쑥 튀어나온 앞니는 계속해서 자라는 것으로도 유명합니다. 바깥쪽은 에나멜질로 단단하지만 안쪽은 무른 이 이빨은, 필연적으로 안쪽부터 깎여 나감으로써 항상 날카롭게 유지되는 구조로 되어 있습니다.

또한 앞니와 앞니로 부순 것을 더욱 잘게 으깨는 어금니 사이에는 큰 공간이 있습니다. 다람쥐나 햄스터가 입에 가득 문 먹잇감으로 볼이 부푼 모습을 보신 적이 있을 텐데, 이곳에 먹잇감을 저장해 두고 나무 열매나 나무껍질같이 소화 불량을 일으킬 만한 것을 골라낼 수 있습니다. 그림❷

그리고 몸보다 머리뼈가 커다란 종이 많은데, 단단한 나무 열매 등을 먹으려면 턱의 힘이 강해야 하기 때문이지요. 그 강대한 턱을 힘차게 움직이기 위해서는 강한 턱 근육이 필요합니다.

그림 ❶

적응력이 뛰어난 쥐와 그 친척들

그림 ❷

쥐(카피바라)의 머리

날카로운 앞니

결과적으로
날카로워진다.

무른 층은
쉽게 마모된다.

단단한 에나멜층은
쉽게 마모되지 않는다.

앞니와 어금니 사이에 큰
공간이 있어서, 먹이를 저장해
두고 천천히 씹어 먹을 수 있다.

캥거루

Kangaroo

캥거루 하면 흔히 뛰어오르는 모습을 떠올리곤 하는데, 이 도약을 가능하게 해주는 것이 바로 뒷다리입니다. 캥거루는 인간으로 치면 발끝만 지면에 붙인 상태에서 잘 발달한 근육과 수축성 있는 힘줄을 이용해 땅을 박차고 뛰어오릅니다. 한편 걸을 때는 꼬리도 함께 활용해 '5족 보행'을 하지요.

만약
인간이 같은
구조였다면?

캥거루 인간

Kangaroo Human

How to

캥거루 인간 만드는 법

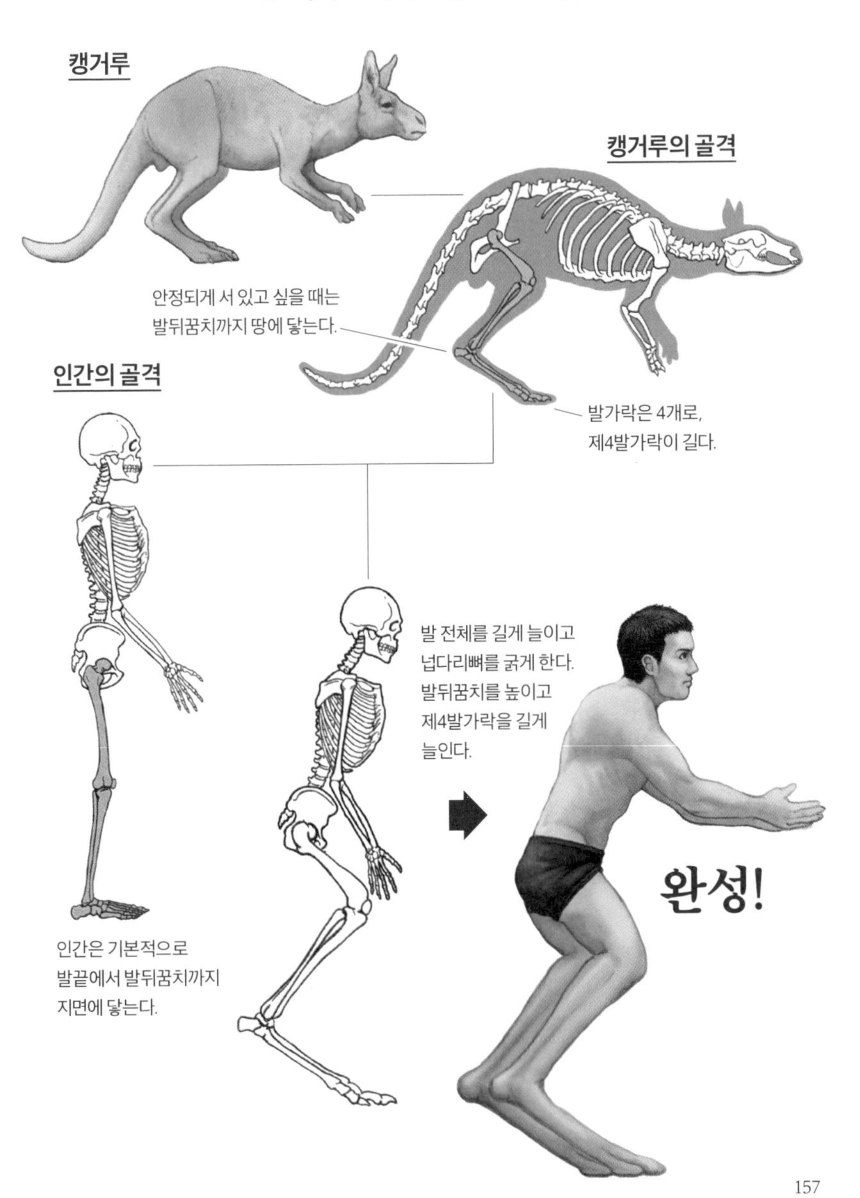

점프에 특화된 다리

인간을 비롯해 모든 동물은 뛰어오를 때 뒷다리를 씁니다. 때문에 캥거루는 물론 토끼나 개구리까지, 뛰어오르는 것이 특기인 동물이라면 앞다리보다 뒷다리가 발달해 있습니다.

캥거루는 먹잇감이나 물을 찾아다닐 때 기본적으로 폴짝폴짝 뛰며 이동을 합니다. 그림❶ 때로는 몇 시간이고 점프를 계속하지요. 그 연속 점프를 견디는 비밀은 다리 힘줄의 구조에 있습니다.

캥거루 다리의 힘줄은 인간과 달리 신축성이 매우 뛰어납니다. 이 힘줄은 착지할 때 줄어들어 충격을 흡수해 줍니다. 그뿐만 아니라 줄어들 때의 힘이, 힘줄이 늘어날 때 그대로 다음 도약의 힘으로 변하는 구조이지요. 그림❷ 운동을 할 때는 근육보다 힘줄을 쓰는 편이 더 피로가 적습니다. 캥거루는 이 힘줄 덕분에 그다지 근육을 쓸 필요 없이 몇 시간이고 뛰며 이동할 수 있는 것입니다.

그러나 이 이동 방법은 안정성이 떨어지기 때문에, 먹잇감을 먹을 때에는 새우등으로 뒤뚱뒤뚱 걸어 다니지요. 서두를 필요가 없고 안정적으로 이동하고 싶을 때는, 꼬리를 땅에 대고 양손 양발에 꼬리까지 더해 '5개의 다리'로 이동합니다. 그림❸ 꼬리 끝까지 뼈가 들어차 있기 때문에, 이 이동 방식은 대단히 안정적입니다.

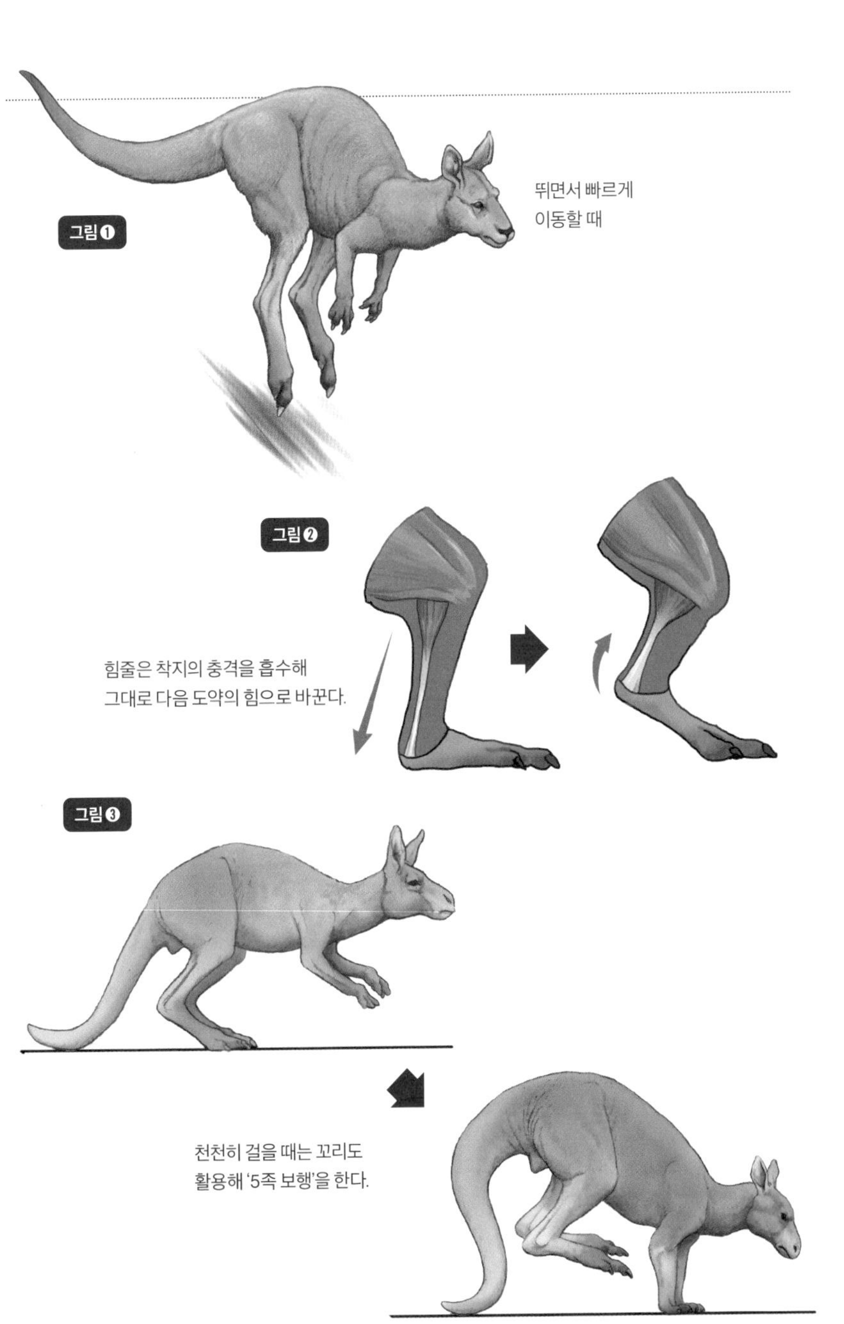
그림❶
뛰면서 빠르게
이동할 때
그림❷
힘줄은 착지의 충격을 흡수해
그대로 다음 도약의 힘으로 바꾼다.
그림❸
천천히 걸을 때는 꼬리도
활용해 '5족 보행'을 한다.

포유류

개미핥기

Anteater

개미핥기는 긴 혀를 잽싸게 뻗어 굴속에 있는 작은 개미를 효과적으로 포식합니다. 개미핥기의 턱은 뱀과 같이 아래턱이 갈라져 있는데, 혀를 뻗을 때는 아래턱뼈가 붙었다가 혀를 다시 거둘 때는 뼈가 벌어지는 특수한 구조로 되어 있습니다.

만약
인간이 같은
구조였다면?

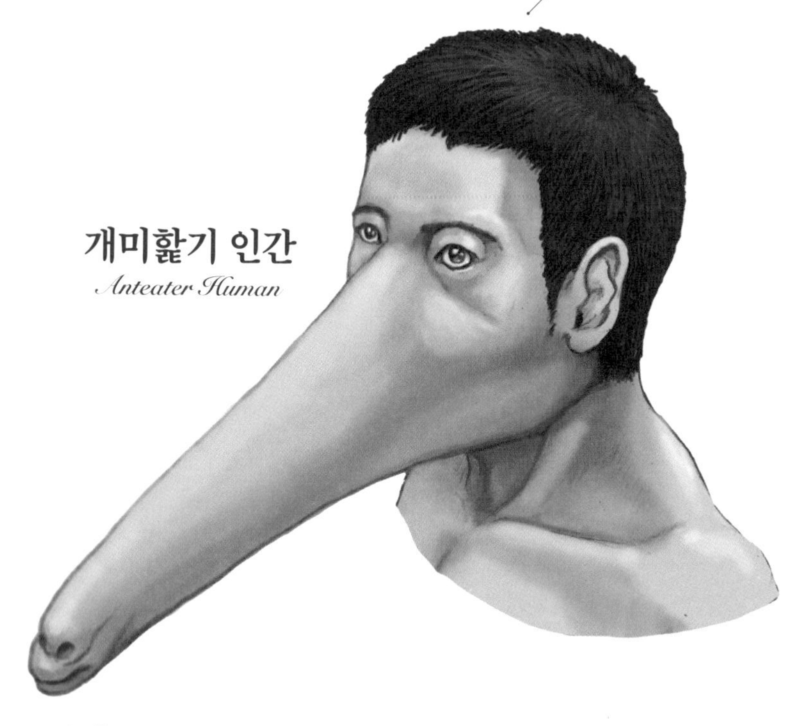

개미핥기 인간
Anteater Human

How to

개미핥기 인간 만드는 법

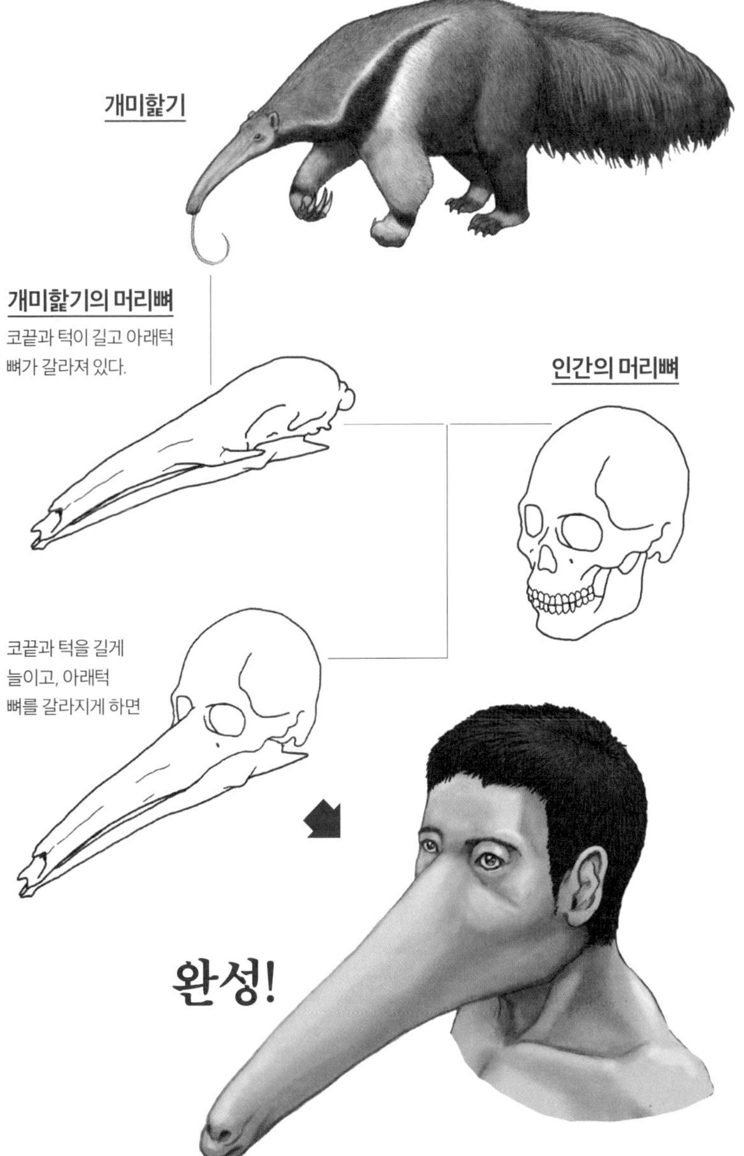

혀의 움직임에 따라 열리고 닫히는 아래턱

개미핥기는 남아메리카 대륙에 서식하는 생물로, 빈치목(Edentata)이라고도 부릅니다. 이빨이 없어서 씹는 것이 불가능한데, 때문에 먹잇감인 개미도 꿀꺽 삼켜 버리지요. 개미핥기 한 마리가 하루에 먹는 개미 수는 무려 3만 5000마리나 된다고 합니다.

개미핥기는 시력이 좋지 않지만, 대신 개미집을 발견하기 위해 후각이 발달했습니다. 성격은 온순하지만, 앞다리에는 날카로운 갈고리발톱이 나 있지요. 적을 향해 양쪽 앞다리를 활짝 치켜들고 이 갈고리발톱으로 위협할 때도 있지만, 이 갈고리발톱은 기본적으로 개미집을 부수기 위한 것입니다. 그림❶ 개미핥기는 부순 개미집에 긴 코끝을 찔러 넣고 혀를 뻗어 개미들을 차례차례 삼킵니다.

개미핥기의 아래턱은 2개로 갈라져 있는데, 이것은 혀를 고속으로 날름거리기 위한 구조입니다. 혀를 뻗을 때는 표적을 정확히 노리기 위해 입을 오므리는데, 이때 아래턱끼리 붙어서 혀가 화살과 같이 사출됩니다. 그림❷ 거꾸로 혀를 거둘 때는 돌아오는 혀를 수납하기 위해 최대한 큰 입구가 필요하지요. 때문에 아래턱을 벌려서 혀가 돌아오는 입구를 넓힐 필요가 있습니다. 그림❸

그림❶
큰개미핥기
코끝도 개미집에 찔러
넣기 쉽도록 길어졌다.
개미집을 부수기 위해
날카로워진 발톱.

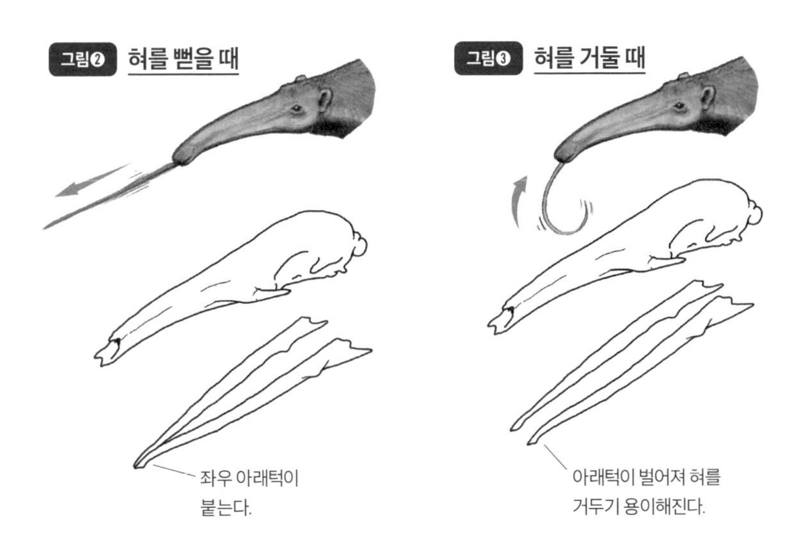
그림❷ 혀를 뻗을 때
좌우 아래턱이
붙는다.
그림❸ 혀를 거둘 때
아래턱이 벌어져 혀를
거두기 용이해진다.

코뿔소

Rhino

코뿔소의 특징이라면 역시 코끝에 있는 근사한 뿔입니다. 이 뿔은 뼈가 아니라 체모 등과 동일한 '케라틴'이라는 물질로 이루어져 있습니다. 코뼈는 불쑥 튀어나와 있고 그 표면이 거슬거슬한데, 이 뼈가 뿔의 토대가 되지요.

만약
인간이 같은
구조였다면?

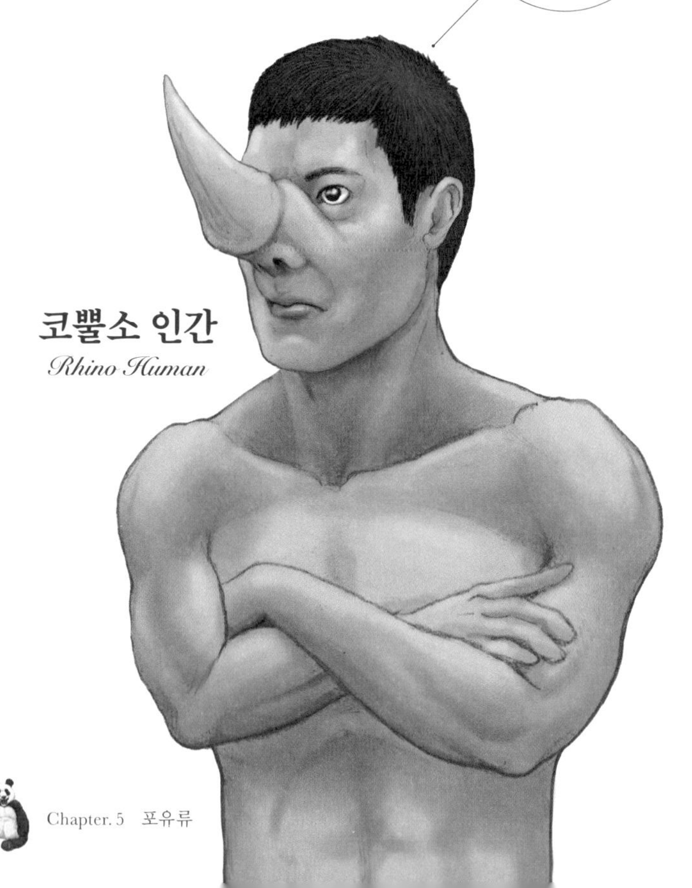

How to

코뿔소 인간 만드는 법

코뿔소의 골격

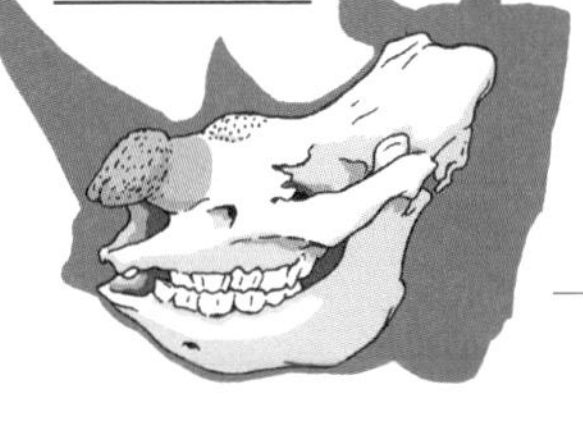

뿔의 토대가 되는 코뼈가 불쑥
튀어나와 있고 그 표면이 거슬거슬하다.

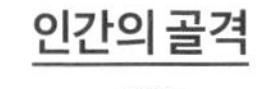

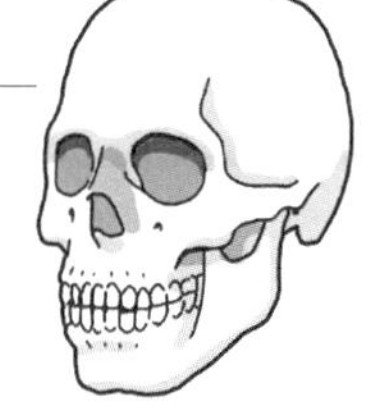

인간의 코뼈는 그렇게
튀어나와 있지 않다.

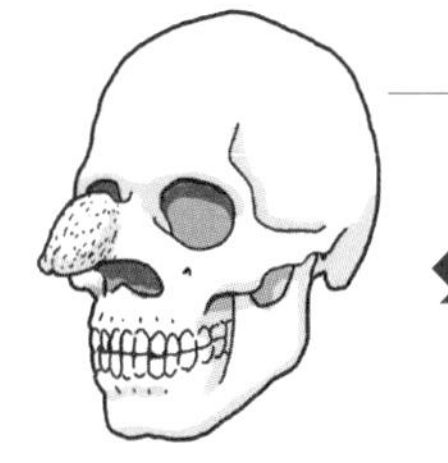

코뼈를 불쑥 튀어나오게 한다.
그리고 그 표면도 거슬거슬하게 한다.

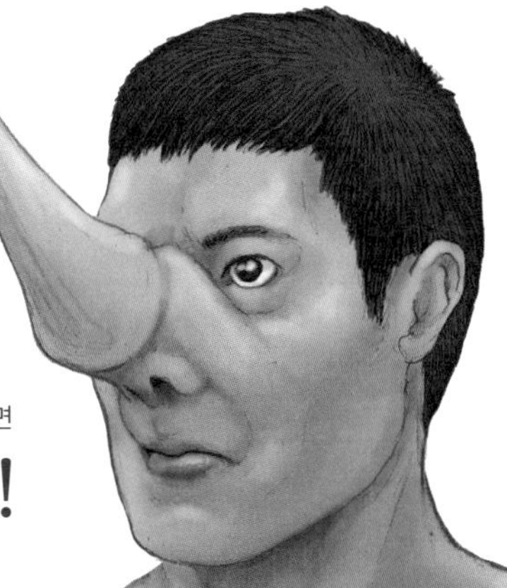

케라틴질의 뿔을 달면

완성!

뼈로 알 수 있는 뿔의 위치

옛날부터 코뿔소의 뿔은 약재로 여겨져 밀렵이 끊이지 않았는데, 아주 단단해 마치 뼈가 튀어나온 것처럼 보입니다. 그러나 사실은 뼈가 아니라 체모와 동일한 '케라틴'이라는 물질로 이루어져 있습니다. 뿔은 1년에 5~10센티미터씩 평생 자라는데, 코뿔소는 그 끝을 땅에 문질러서 닳게 하지요. 또한 흰코뿔소(*Ceratotherium simum*)나 검은코뿔소(*Diceros bicornis*)처럼 크고 작은 2개의 뿔을 가지고 있는 종도 존재합니다.

이 뿔이 나 있는 위치인 코뼈는 콜리플라워와 같이 표면이 거슬거슬합니다. 그림❶ 또한 이 부분의 뼈를 보면 얼마나 큰 뿔을 가지고 있었는지도 추측할 수 있지요.

먼 옛날 빙하기에 살았던 코뿔소의 친척 중에는 오늘날의 코뿔소와 비교도 되지 않을 정도로 몸집이 큰 종도 있었습니다. 엘라스모테리움(*Elasmotherium*)이라는 이 거대 코뿔소는 코끝이 아니라 머리 위에 뿔이 있었던 것으로 추정하는데, 추정 크기만 무려 2미터에 이릅니다.

그러나 코뿔소와 그 친척들의 뿔은 뼈가 아니라 케라틴질이었기 때문에 화석으로 남지 않아서, 정말로 2미터나 되었는지는 추정의 영역에 머물러 있지요. 다만 근거가 되는 것은 엘라스모테리움의 머리뼈입니다. 머리 위에 커다란 혹과 같은 거슬거슬한 부위가 있어서, 이곳에 거대한 뿔이 달려 있었을 가능성이 커 보입니다. 그림❷

그림 ❶

코뿔소의 뿔

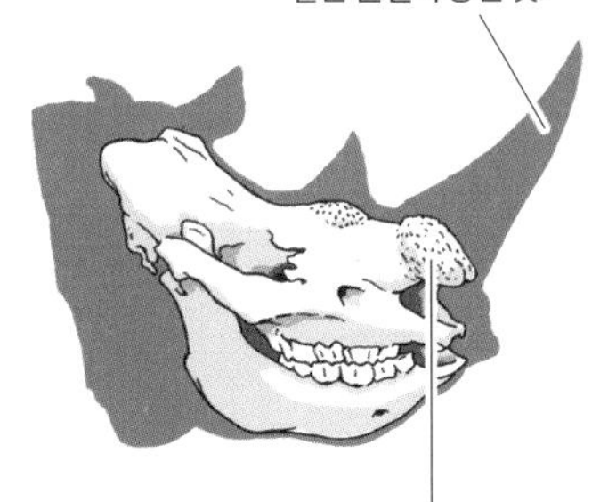

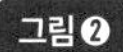

엘라스모테리움

빙하기에 서식하던 코뿔소의 친척.

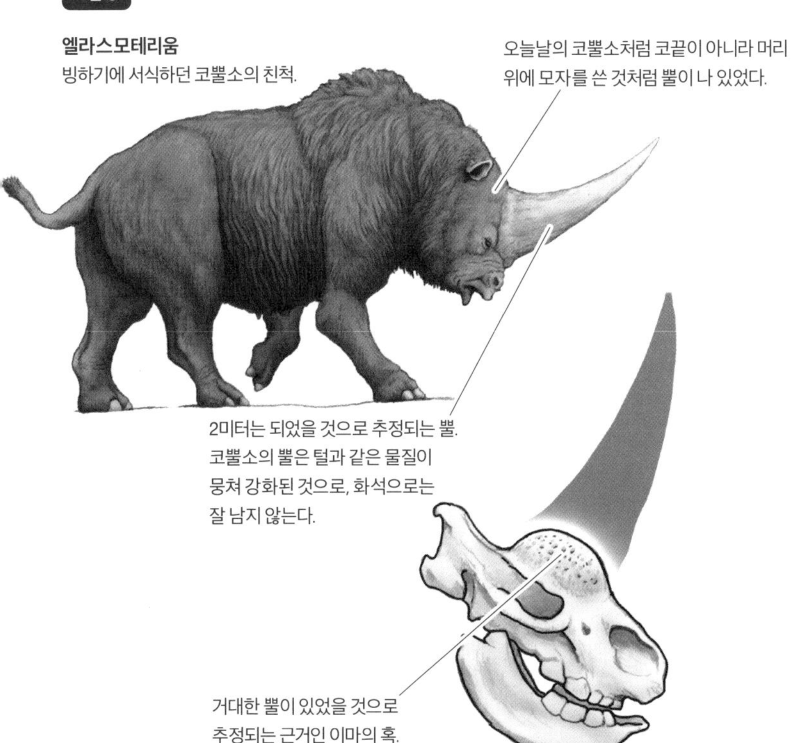

외뿔고래

Narwhal

고래의 친척인 외뿔고래(*Monodon monoceros*)는 머리에 3미터 정도의 긴 외뿔이 나 있지요. 사실 이것은 뿔이 아니라 앞니 중 하나가 길게 뻗은 것입니다. 외뿔고래의 이빨은 위턱에 나 있는 2개의 앞니뿐입니다. 그중 왼쪽 앞니가 길게 뻗어 윗입술을 뚫고 밖으로 튀어나온 것입니다.

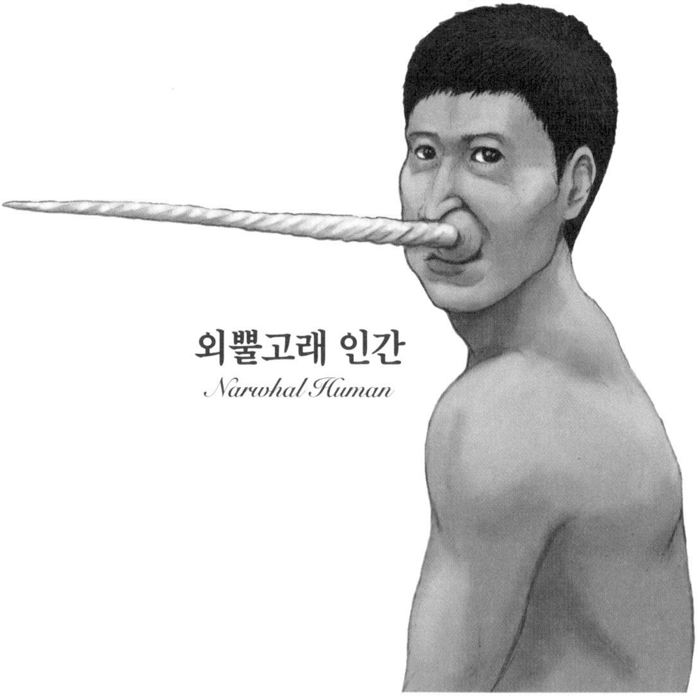

만약
인간이 같은
구조였다면?

외뿔고래 인간

Narwhal Human

How to

외뿔고래 인간 만드는 법

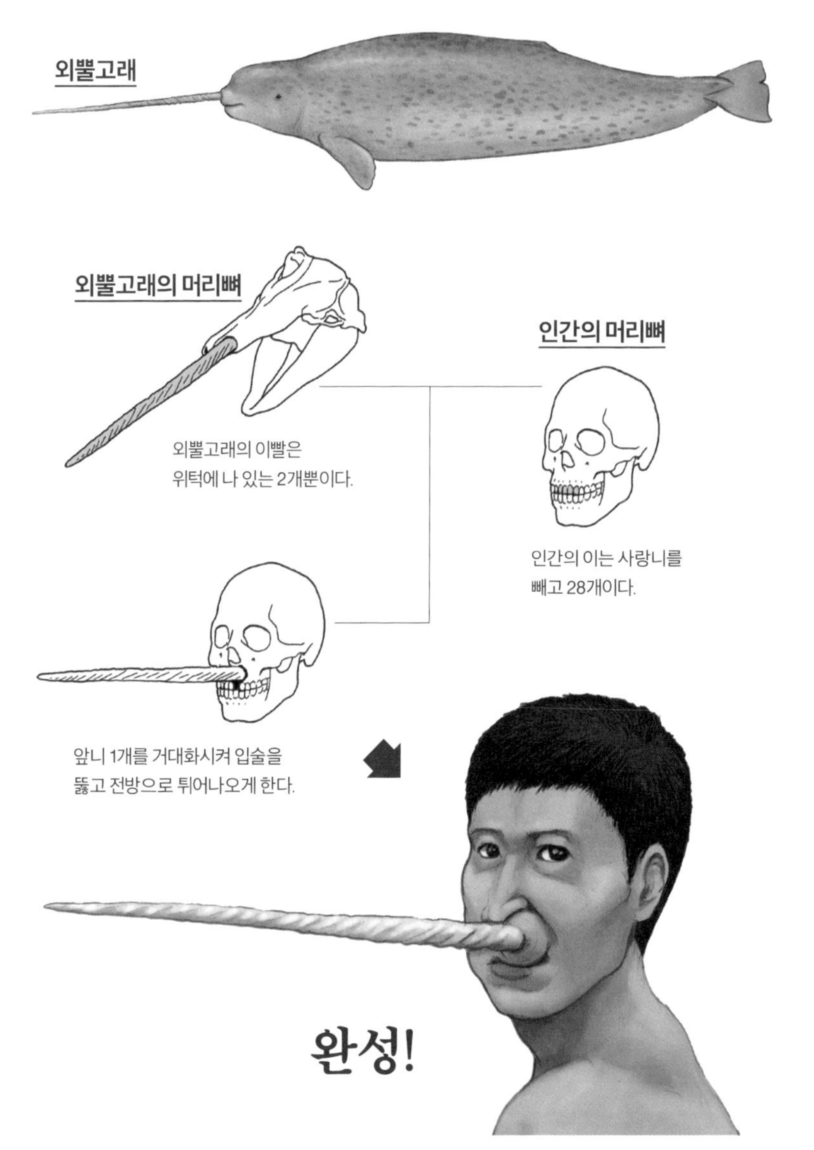

엄니의 다른 용도

외뿔고래는 북극해에서 보통 20마리 정도가 모여 무리 생활을 하는 고래의 친척입니다. 위쪽 입술을 뚫고 길게 뻗은 3미터 길이의 외뿔 같은 앞니가 특징으로, 치신경으로 습도나 기압 등 주변 환경을 느끼는 감각 기관이라고 하지요. 그러나 이 길게 뻗은 이빨은 수컷만 가지고 있어서, 자신의 강함을 과시하고 암컷에게 어필하는 용도가 더 큰 모양입니다.

포유류는 종에 따라 이빨의 형태나 배열이 다양해서, 그것만 보고도 어떤 동물인지 어느 정도 특정할 수 있지요. 외뿔고래와 같이 개성 있고 근사한 이빨을 가진 포유류는 많습니다. 바다코끼리의 엄니는 위턱의 송곳니가 길게 뻗은 것으로, 그 길이는 암컷이 80센티미터, 수컷은 1미터나 되지요. 멧돼지의 친척인 바비루사는 위턱의 송곳니가 입안에서 얼굴의 피부를 뚫고 휘며 뻗어 나온다는 별난 구조입니다. 코끼리의 엄니는 외뿔고래처럼 앞니가 길게 뻗은 것으로, 오늘날에는 멸종한 코끼리의 친척인 매머드 중에는 휘어진 엄니의 길이가 5미터에 달하는 경우도 있었습니다.

동물은 대부분 이빨을 주로 섭식이나 포식용 무기로 쓰지만, 포유류에게 이빨은 그 밖에도 다양한 용도가 있는 모양입니다.

포유류 이빨의 다양성

외뿔고래

바비루사

위턱의 엄니가 눈과 코
사이 머리뼈를 뚫고
밖으로 튀어나와 있다.
부러진 엄니를 가진 수컷은
다른 수컷과 싸워서 진
증거가 된다고 한다.

바다코끼리

긴 엄니는 수컷끼리
싸우는 데에도 쓰이지만,
불필요한 싸움을
피하고자 얼마나 강한지
과시하는 측면이 강하다.

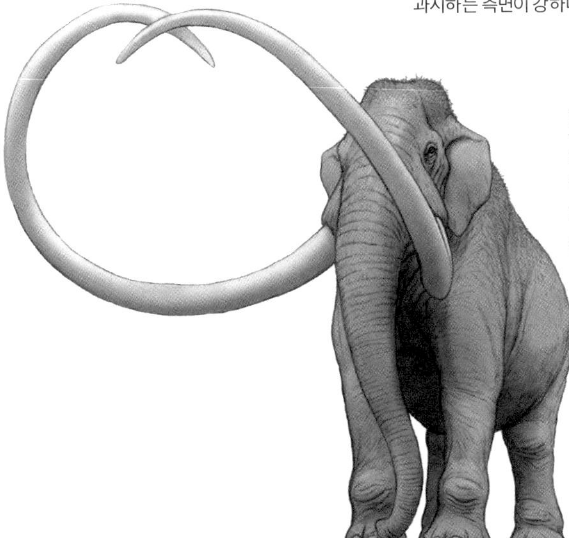

매머드

코끼리의 친척으로,
엄니로 땅속 나무뿌리를
파거나 나무껍질을
벗기곤 했다.

포유류

판다

Panda

판다의 앞발은 인간의 엄지손가락과 같이 다른 발가락과 마주 보는 발가락이 없어서 원래 사물을 쥘 수 없는 구조이지만, 판다는 조릿대나 대나무를 쥘 수 있지요. 그 이유는 튀어나온 2개의 손목뼈에 있습니다. 이 혹과 같은 손목뼈를 5개의 발가락 사이에 끼움으로써 사물을 쥘 수 있는 것입니다.

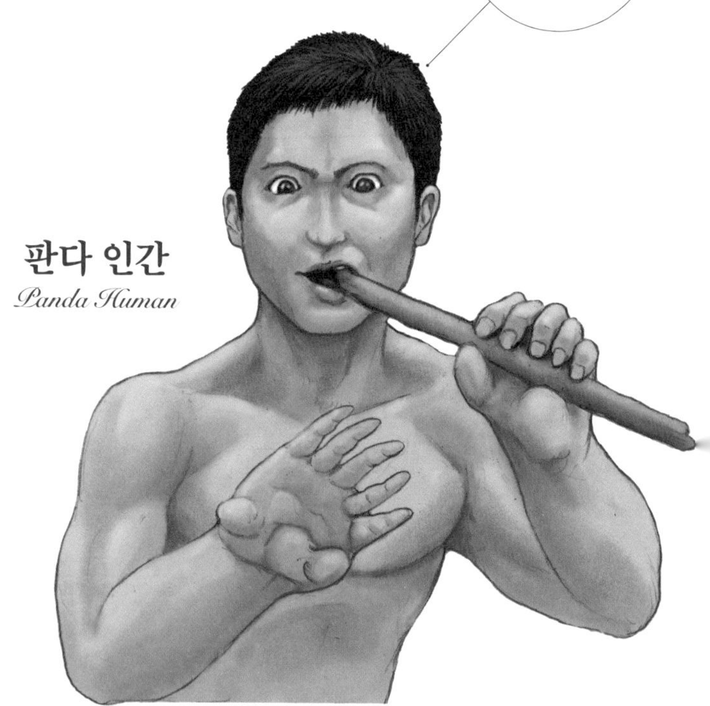

판다 인간

Panda Human

How to

판다 인간 만드는 법

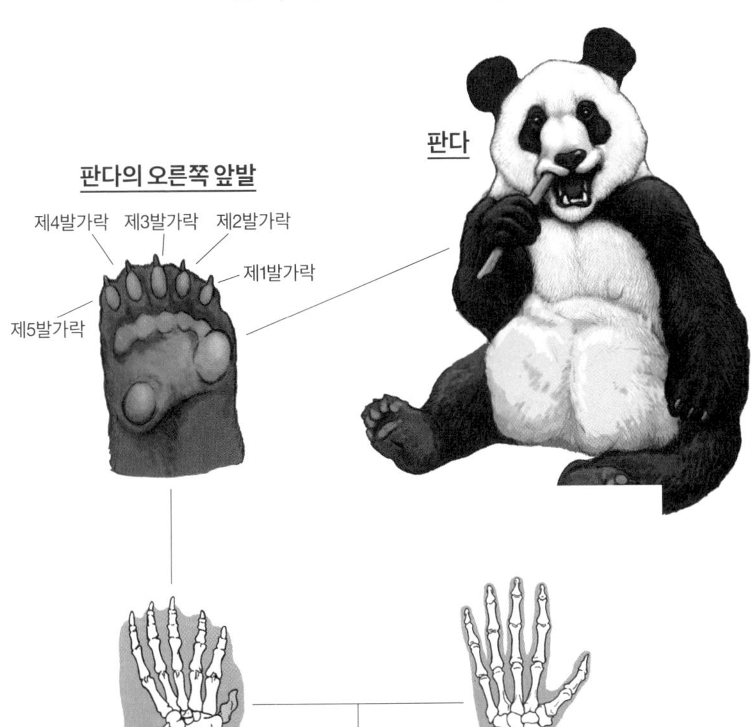

직선상에 놓인
제1~제5손가락 좌우에
손목뼈가 튀어나와 있다.

제1손가락만 다른 4개의
손가락과 떨어져 있어
사물을 쉽게 쥘 수 있다.

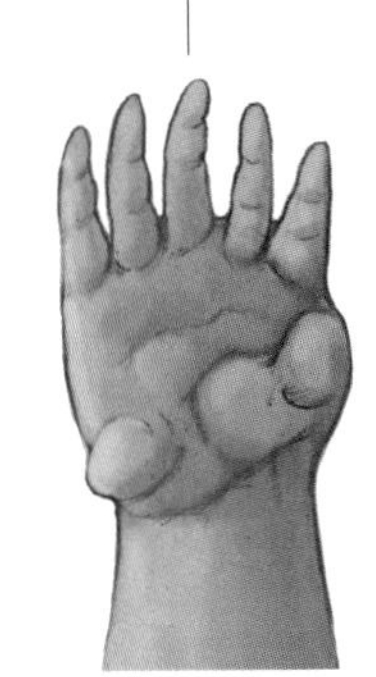

제1손가락을 다른 4개의 손가락과
직선상에 놓고, 손바닥의 뼈를
좌우로 튀어나오게 하면

완성!

육식을 잊어버린 육식 동물

5개의 발가락과 발바닥에 있는 2개의 혹을 써서 대나무나 조릿대를 솜씨 좋게 쥐는 것이 가능한 판다. 가끔 물고기나 곤충, 과일 등도 먹지만, 판다의 주식은 역시 대나무나 조릿대입니다.

야생 판다는 중국 남서부의 표고 1,200~3,900미터의 죽림에서만 서식하지만, 출토되는 화석으로 미루어 볼 때 먼 옛날에는 베이징에서 베트남에 이르는 넓은 범위에서 서식했음을 알 수 있습니다. 알려진 판다의 친척 중 가장 오래된 종은 1100만 년 전 유럽의 습윤한 삼림에서 서식했는데, 그들은 육식 동물이었지요. 그 흔적으로 오늘날의 판다도 육식 동물 특유의 짧은 장을 가지고 있습니다. 고기는 소화가 용이해 장이 짧아도 충분히 영양을 섭취할 수 있어서, 일반적으로 육식 동물은 장이 짧고 초식 동물의 장은 긴 경향이 있습니다.

짧은 장을 그대로 가지고 초식으로 식성이 바뀐 판다는 먹은 대나무나 조릿대의 20퍼센트 정도밖에 소화하지 못해서, 만성적 영양 부족 때문에 하루의 절반을 식사에 써야 합니다. 대단히 효율이 나쁜 편인데, 이렇게 된 까닭은 빙하기의 기후 변동으로 식량이 부족한 환경이 계속되어 구하기 쉬운 대나무나 조릿대를 주로 먹었기 때문이 아닌가 하고 추정됩니다. 초식성이 됨에 따라 고기의 맛을 느끼는 유전자가 사라져서, 영양을 섭취하기 쉬운 오늘날에도 고기를 먹지 않는 모양입니다.

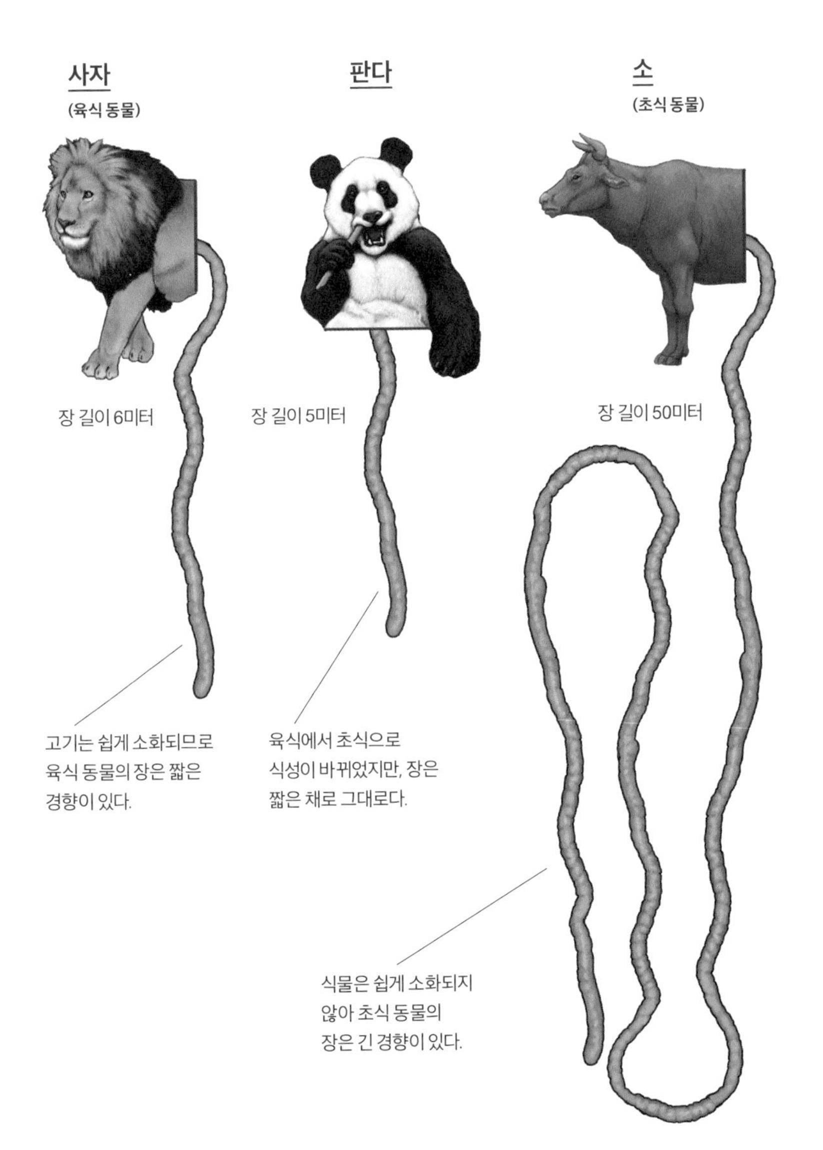
사자
(육식 동물)
판다
소
(초식 동물)
장 길이 6미터
장 길이 5미터
장 길이 50미터
고기는 쉽게 소화되므로
육식 동물의 장은 짧은
경향이 있다.
육식에서 초식으로
식성이 바뀌었지만, 장은
짧은 채로 그대로다.
식물은 쉽게 소화되지
않아 초식 동물의
장은 긴 경향이 있다.

포유류

긴팔원숭이

Gibbon

긴 팔을 뻗어 나무에서 나무로 이동하는 긴팔원숭이. 그 손은 제1손가락이 짧고 다른 4개의 손가락은 매우 깁니다. 이것은 나뭇가지를 붙들고 이동하기 위해서가 아니라, 4개의 손가락을 갈고리와 같이 걸고 나무에서 나무로 이동하기 위한 것입니다.

만약
인간이 같은
구조였다면?

긴팔원숭이 인간

How to

긴팔원숭이 인간 만드는 법

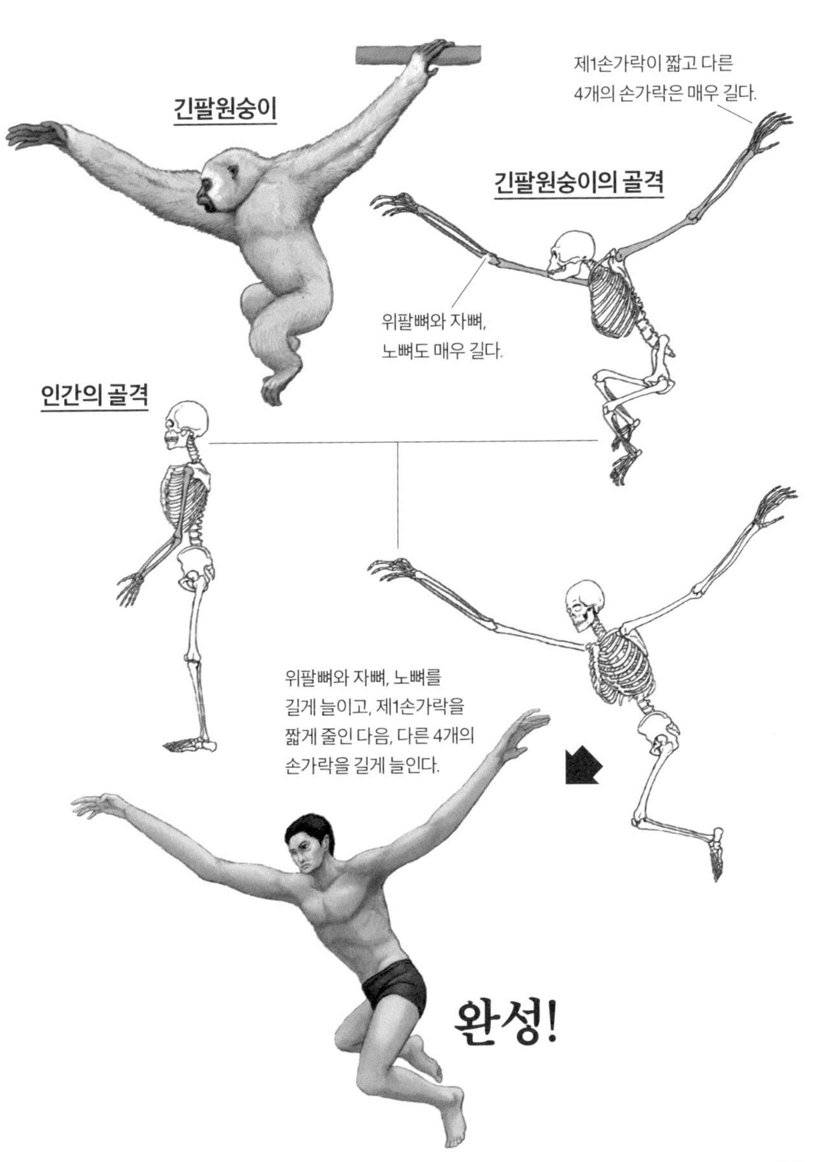

진자 같은 움직임을 가능하게 하는 긴 팔

긴팔원숭이는 열대 우림 등 더운 지역에서 사는 원숭이입니다. 주로 동물원에서 본 기억이 많을 텐데, 그 긴 팔로 나뭇가지에 매달리듯이 이동하며 땅에는 거의 내려오지 않는다고 하지요. 나무 위에서 사는 원숭이 중에는 긴 꼬리로 나뭇가지를 휘감아 이동하거나 나무 위에서 안정성을 확보하는 종이 여럿 있지만, 긴팔원숭이는 꼬리가 없습니다. 그림❶

긴 팔로 나무에서 나무로 이동하는 긴팔원숭이의 움직임은, 양손 번갈아 매달려 가기(브래키에이션)라고 불립니다. 긴 팔로 나뭇가지에 매달렸다가 한 손을 놓고 진자와 같은 움직임으로 나무에서 나무로 이동하는 것입니다. 그림❷ 긴 팔로 나뭇가지를 꽉 잡는 것이 아니라 손가락으로 나뭇가지를 휘감고 매달리지요. 이렇게 나뭇가지를 휘감고 매달릴 때 손목이 흔들흔들 움직이며 진자 운동의 고정점 역할을 합니다. 그림❸

긴팔원숭이는 의사소통 방법도 특이한데, 암컷과 수컷이 노래하며 서로를 부르는 것으로 알려져 있습니다. 이 노래는 가족 간의 결속을 다지는 데에도, 다른 원숭이를 상대로 하는 영역 주장에도 쓰이는 모양입니다. 종에 따라 다르기 때문에 노랫소리로 종을 판별하는 것도 가능하다고 합니다.

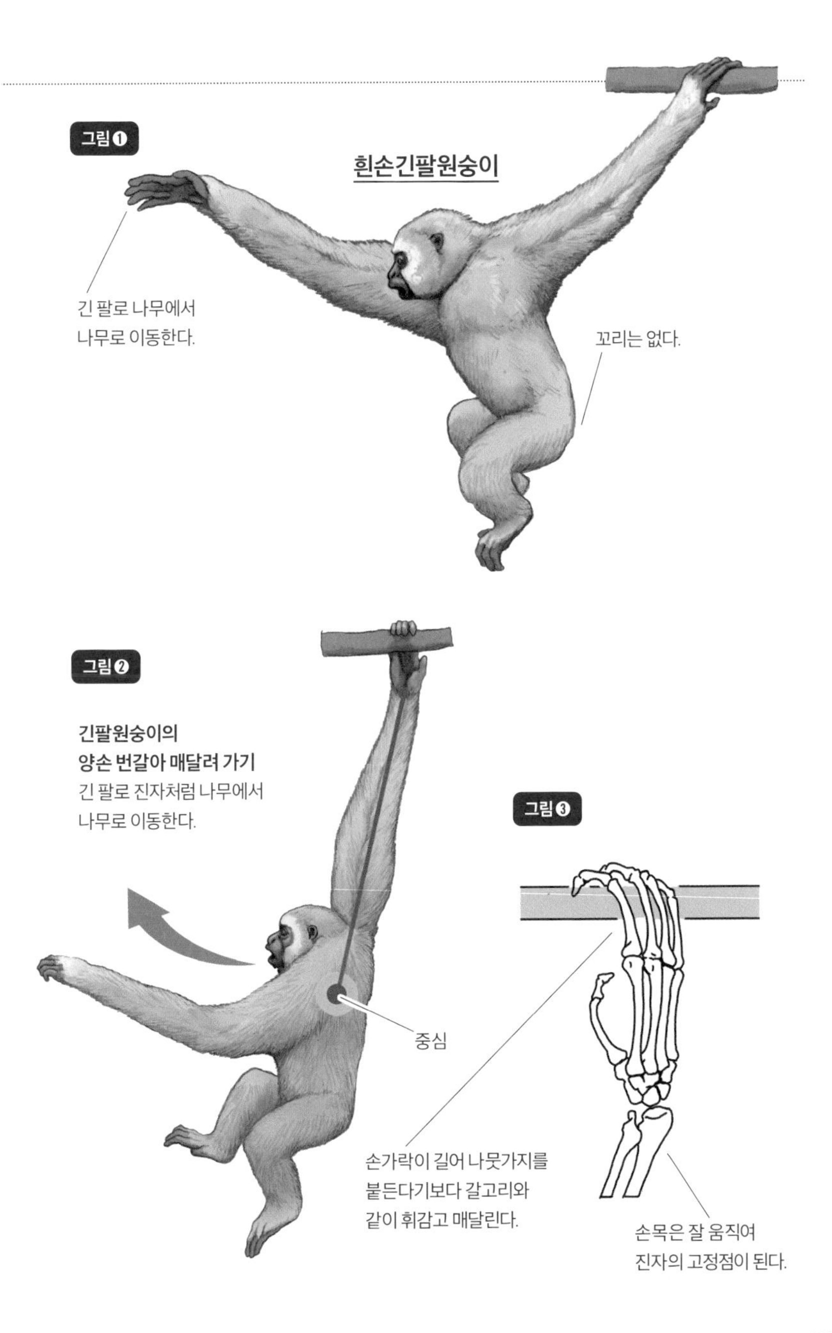
그림 ❶
흰손긴팔원숭이
긴 팔로 나무에서
나무로 이동한다.
꼬리는 없다.
그림 ❷
긴팔원숭이의
양손 번갈아 매달려 가기
긴 팔로 진자처럼 나무에서
나무로 이동한다.
중심
그림 ❸
손가락이 길어 나뭇가지를
붙든다기보다 갈고리와
같이 휘감고 매달린다.
손목은 잘 움직여
진자의 고정점이 된다.

Column.5 인간 골격의 특이성

그림❶

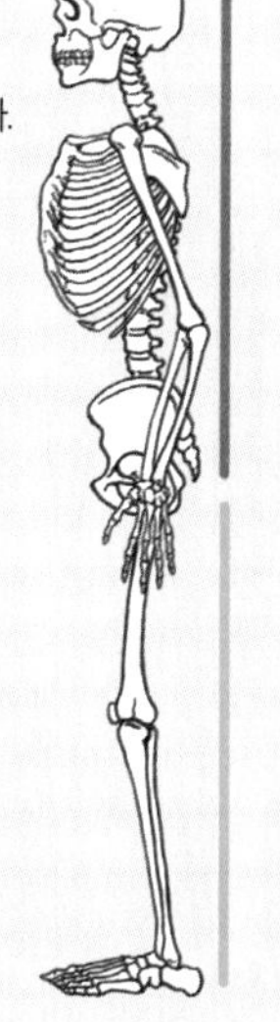

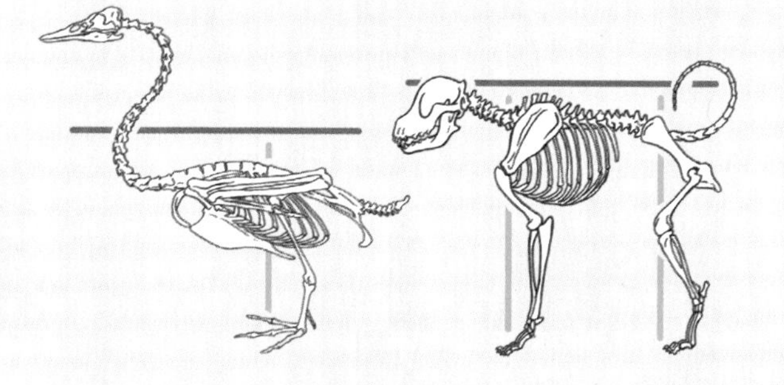

직립 2족 보행의 폐해

포유류는 대부분 앞다리와 뒷다리, 총 4개의 다리로 걷는 4족 보행 동물입니다. 인간과 가장 가깝다는 침팬지 같은 유인원도 가끔 2족 보행을 하기는 하지만, 기본적으로는 4족 보행 동물이지요. 2족 보행으로 완전히 이행한 포유류는 인간밖에 없습니다.

조류는 앞다리가 날개가 되었기 때문에 인간처럼 2개의 뒷다리로 2족 보행을 하지만, 같은 2족 보행이라도 조류는 지면과 몸통이 수평을 이루는데 인간은 다리뿐만 아니라 몸통도 지면과 수직을 이루고 섭니다. 몸통을 수직으로 세운 만큼 머리가 몸통 바로 위로 오게 되었고, 몸 전체로 머리를 지탱하는 자세가 되었지요. 그림❶

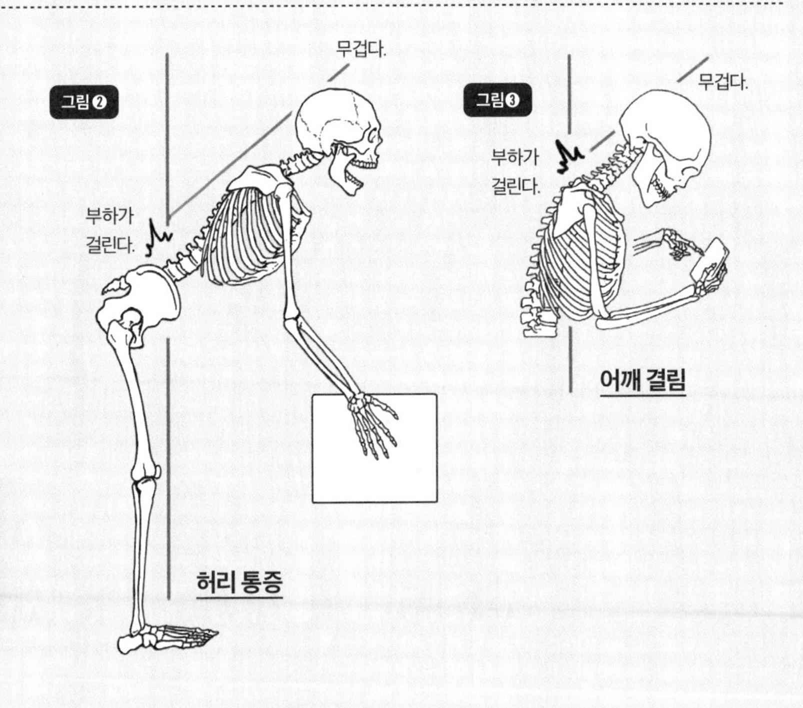

그 결과 인간은 뇌가 거대해져 높은 지능을 얻을 수 있었다고 합니다. 다만 이 자세로는 상반신의 몸무게가 허리뼈에 집중되기 때문에 인간은 허리 통증에 취약하게 되었지요. 또한 인간이 농경을 시작하자 상반신을 앞으로 구부리는 동작이 많아져서, 근육만으로 억지로 지탱하다가 허리를 다치는 등 허리에 가해지는 부담이 더욱 커졌습니다. 그림❷

게다가 목 위에 머리가 있기만 할 뿐 머리를 지탱하는 목 근육은 그다지 발달하지 않아서, 상반신을 앞으로 구부리면 목 근육에 부담이 가해져 어깨 결림이 오기 십상이지요. 그림❸ 지금도 인간은 살아가며 거듭되는, 상반신을 앞으로 구부리는 동작 때문에 허리 통증이나 어깨 결림에 시달리고 있습니다.

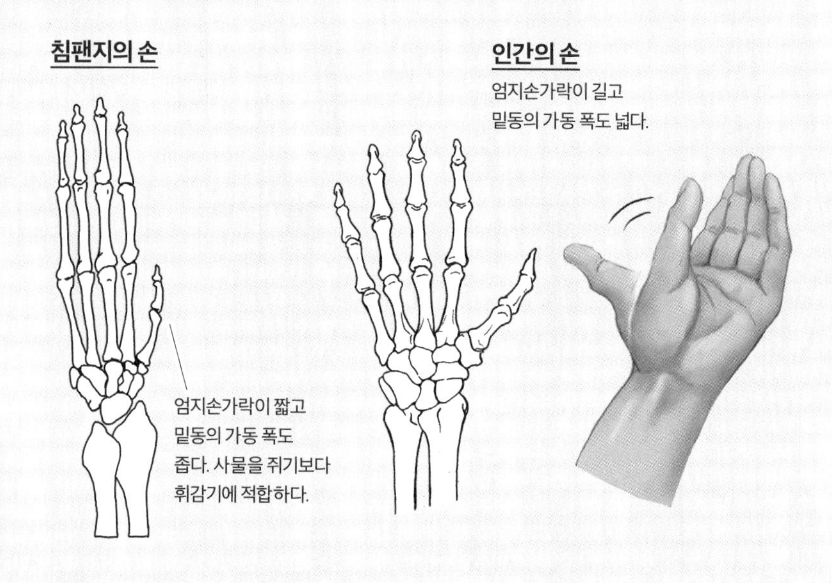

자유로워진 앞다리의 용도

인간이 직립 2족 보행을 하게 되면서 얻은 가장 큰 장점은 바로 앞다리가 몸을 지탱하거나 걷는 역할에서 해방되었다는 것입니다. 인간의 앞다리는 팔과 손인데, 인간의 손은 무지 대향성(拇指對向性)이라고 해서 엄지손가락과 다른 손가락이 마주 보는 형태이기 때문에 손가락으로 사물을 쥘 수 있지요. 무지 대향성은 인간과 가까운 유인원이나 나무 위 생활을 하는 동물에게서 흔히 볼 수 있지만, 인간은 엄지손가락이 길고 그 중심축이 되는 관절의 가동성이 뛰어나 뇌의 발달과 함께 손을 정확히 제어할 수 있게 되었습니다. 다양한 형태의 물건을 쥐거나, 바늘구멍에 실을 꿰는 섬세한 작업까지, 인간은 다른 동물을 능가하는 다양한 용도에 손을 이용할 수 있게 된 것입니다.

Extra Chapter

전신 변형 비교

Whole body deformation

전신 변형 비교 ①
개와 고양이

우리 인간과 친근한 존재인 개와 고양이. 같은 포유류 식육목인 만큼 몸의 구조도 그렇게까지 다르지 않습니다. 그러나 모든 부위를 변형시켜 보면 어떨까요? 비슷한 느낌이었던 동물의 몸도 실은 꽤 다르다는 사실을 알 수 있습니다.

전신 개 인간

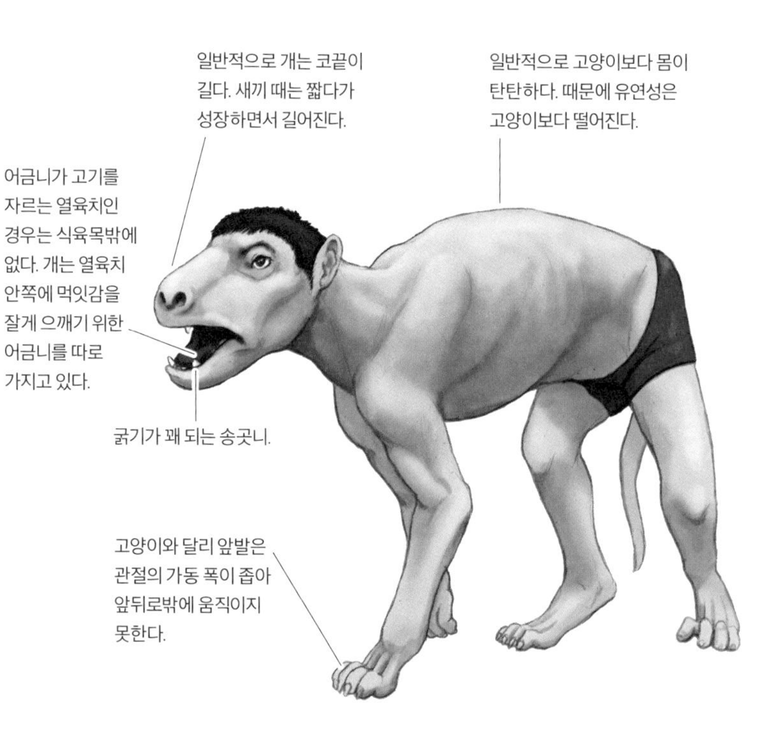

전신 고양이 인간

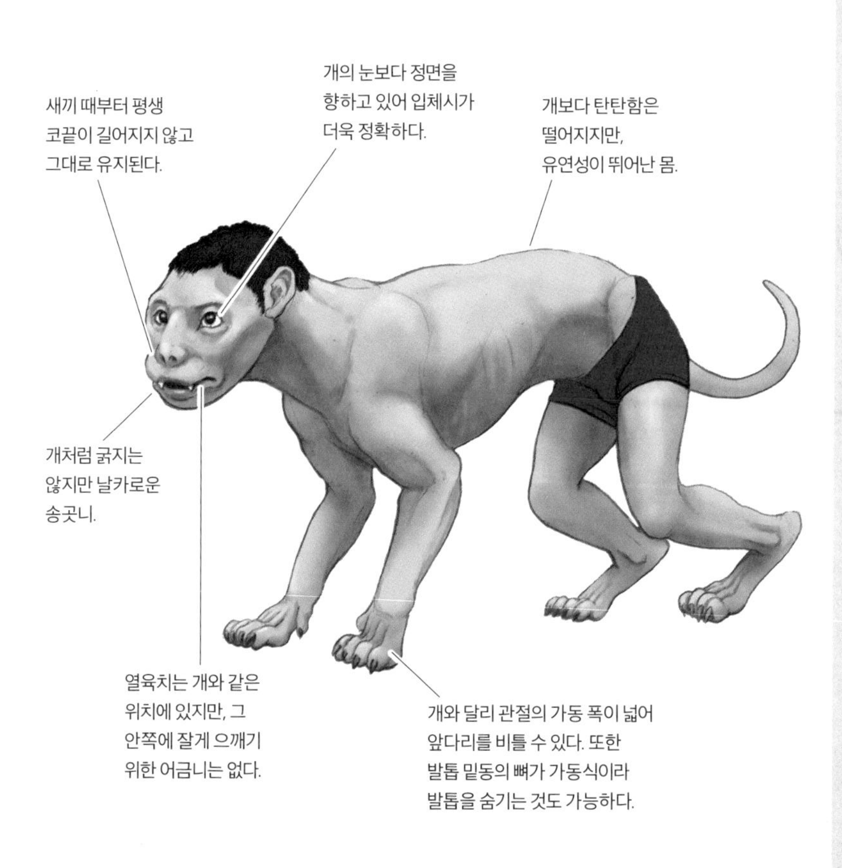
새끼 때부터 평생
코끝이 길어지지 않고
그대로 유지된다.
개의 눈보다 정면을
향하고 있어 입체시가
더욱 정확하다.
개보다 탄탄함은
떨어지지만,
유연성이 뛰어난 몸.
개처럼 굵지는
않지만 날카로운
송곳니.
열육치는 개와 같은
위치에 있지만, 그
안쪽에 잘게 으깨기
위한 어금니는 없다.
개와 달리 관절의 가동 폭이 넓어
앞다리를 비틀 수 있다. 또한
발톱 밑동의 뼈가 가동식이라
발톱을 숨기는 것도 가능하다.

인공 교배로 '개량된' 몸

앞에서는 일반적인 개의 몸을 고양이와 비교해 봤는데, 개는 고양이보다 종류가 다양합니다. 먼 옛날 길들여진 늑대가 개의 시작이라고 하는데, 오늘날의 개는 늑대와 체형이 전혀 다른 견종이 많지요. 예를 들어 닥스훈트는 극단적으로 다리가 짧고, 또한 불도그는 개의 특징인 긴 코끝이 눌린 것처럼 짧습니다. 어째서 개만 이렇게 종류가 다양한가 하면, 가축으로서 다양한 일을 하는 개를 더욱더 유용하게 인간이 인공 교배시켰기 때문입니다. 닥스훈트의 경우 굴속의 오소리를 사냥하기 위해 품종 개량된 견종이지요. 때문에 개는 같은 종이면서도 체형이 다양한 것입니다.

집고양이는 아프리카들고양이를
길들인 것이라고 한다.

인간의 사육에도 변함없는 고양이의 모습

인간이 농경을 시작할 무렵, 저장한 곡물을 먹어 치우는 쥐를 사냥하는 아프리카들고양이(*Felis lybica*)를 유익하게 여겨 기르기 시작한 것이 바로 집고양이의 기원이라고 합니다. 야생 들고양이와 집고양이를 보면 알 수 있지만, 고양이는 개와 같이 체형이 다양하지 않습니다. 인간에게 순종적인 개와 대조적으로 고양이는 훈련이 어렵고, 쥐 사냥 외에는 가축으로서 유용함이 없어 품종 개량도 적었던 모양입니다. 무엇보다 고양이는 반려 동물로서의 측면이 강해서 그 모습 그대로 인간의 사랑을 받아 왔기 때문에, 품종 개량으로 크게 모습이 바뀌지 않은 것이겠지요.

전신 변형 비교②
육지거북과 바다거북

같은 거북도 생활하는 장소가 달라지면 몸의 구조가 달라집니다. 육지거북과 바다거북의 몸은 어떻게 다를까요?

전신 바다거북 인간

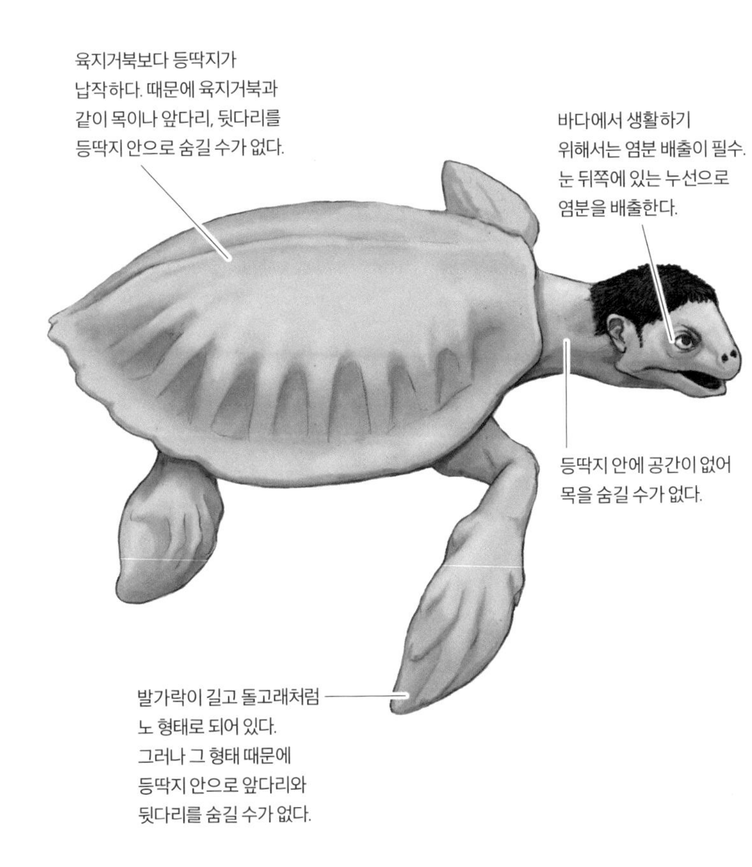
육지거북보다 등딱지가
납작하다. 때문에 육지거북과
같이 목이나 앞다리, 뒷다리를
등딱지 안으로 숨길 수가 없다.
바다에서 생활하기
위해서는 염분 배출이 필수.
눈 뒤쪽에 있는 누선으로
염분을 배출한다.
등딱지 안에 공간이 없어
목을 숨길 수가 없다.
발가락이 길고 돌고래처럼
노 형태로 되어 있다.
그러나 그 형태 때문에
등딱지 안으로 앞다리와
뒷다리를 숨길 수가 없다.

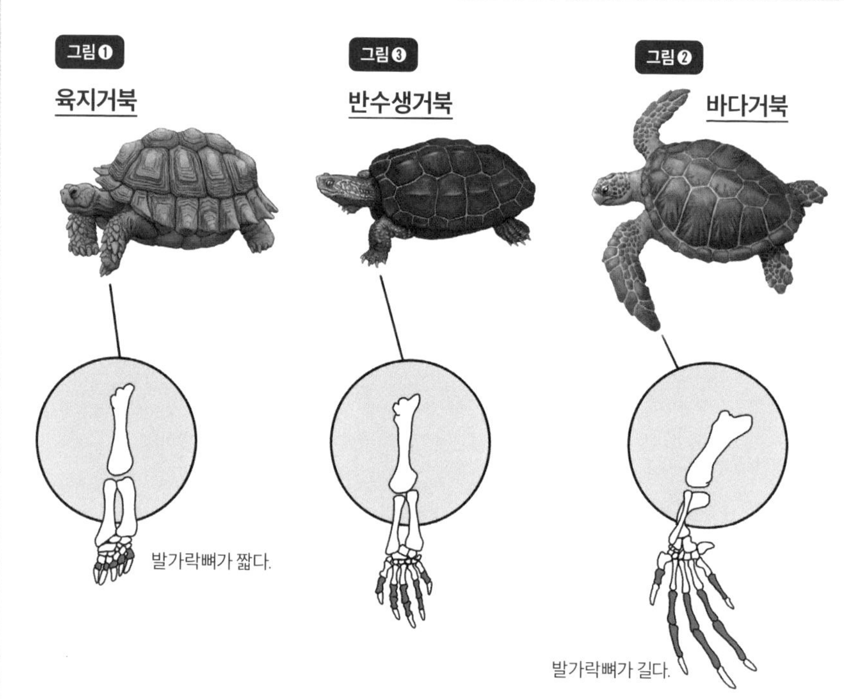

환경의 차이가 형태를 낳는다!

육지거북과 바다거북이 따로 있듯, 거북과 그 친척들은 다양한 곳에서 서식합니다. 그리고 서식 환경에 따라 제각기 다리의 형태에 차이가 나지요. 아프리카가시거북(*Centrochelys sulcata*)이나 갈라파고스땅거북(*Chelonoidis nigra*) 등 육지에서 생활하는 육지거북은 발가락뼈가 짧고, 다리 전체가 기둥과 같이 몸을 지탱해 땅 위를 걷거나 굴을 파는 데 적합한 형태입니다. 그림❶ 한편 바다에서 생활하는 바다거북과 그 친척들은 발가락뼈가 길고, 앞다리가 노와 같은 형태로 되어 있어 헤엄에 유용하지요. 그림❷ 개울이나 연못 등지에서 서식하는 남생이(*Mauremys reevesii*)나 연못거북(*Trachemys scripta*)은 반수생거북으로, 발가락의 길이는 육지거북이나 바다거북의 중간이며, 땅 위를 걸을 수도 있고 물을 헤치며 헤엄칠 수도 있습니다. 그림❸

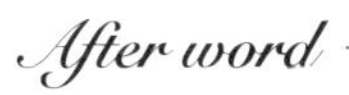

책을 마치며

잘 읽으셨는지요. 이 책의 주제는 등뼈동물의 진화로, 6만 종 이상 존재하는 등뼈동물은 종에 따라 제각기 다른 진화의 길을 걸어 왔습니다.

예를 들어 공룡과 그 뒤를 이은 조류 그룹은, 2억 년 이상의 시간에 걸쳐 유연성은 최저한도로 유지하면서 튼튼하고도 가벼운 골격을 갖는 데 방점을 두면서 진화를 거듭했기 때문에, 몸집을 키우거나 비행 능력을 얻을 수 있었지요.

또한 우리 인간은 직립 2족 보행을 하게 됨에 따라 몸 전체로 머리를 지탱하는 자세가 되어, 머리가 무거워져도 괜찮게 되었습니다. 그 덕분에 인간은 뇌의 크기를 키워 높은 지능을 얻을 수 있었지요.

인간도 새도 각자 다른 방향으로 진화해 각자 다른 능력을 얻었지만, 이는 능동적으로 그러한 능력을 얻기 위해서 진화한 결과가 아니라, 환경에 적응한 결과입니다. 다시 말해 인간이라는 생물은 진화의 최종형 같은 것이 아니라 어디까지나 진화의 한 결과에 지나지 않는다는 것입니다.

마지막으로 담당 편집자인 기타무라 고타로(北村耕太郎) 씨가 전작과 마찬가지로 빠듯한 일정 속에서도 구성안 작성 및 자료 제공 등 다방면으로 이 책의 집필을 도와주셨습니다. 진심으로 감사드립니다.

2020년 8월

가와사키 사토시

참고 문헌

アンドリュー・カーク著, 布施英利監修, 和田侑子訳,『骨格百科スケルトン その凄い形と機能』(グラフィック社).
エディング編,『ペンギンの本』(日販アイ・ピー・エス).
ジェームス・F・ルール編,『地球大図鑑』(ネコ・パブリッシング) (한국어판『지구: 푸른 행성 지구의 모든 것을 담은 지구 대백과사전』— 김동희 외 옮김).
ジャン=バティスト・ド・パナフィユー著, 小畠郁生監修, 吉田春美訳,『骨から見る生物の進化』(河出書房新社).
ニュートン別冊,『動物の不思議　生物の世界はなぞに満ちている』(ニュートンプレス).
ニュートン別冊,『「生命」とは何か いかに進化してきたのか』(ニュートンプレス) (한국어판『생명이란 무엇일까?: 어떻게 진화해 왔을까?』— 뉴턴 코리아 옮김).
ピーター・D・ウォード著, 垂水雄二訳,『恐竜はなぜ鳥に進化したのか』(文藝春秋).
『講談社の動く図鑑MOVE 動物』(講談社).
『講談社の動く図鑑MOVE 鳥』(講談社).
『談社の動く図鑑MOVE は虫類・両生類』(講談社).
今泉忠明著,『絶滅巨大獣の百科』(データハウス).
今泉忠明著,『絶滅動物データファイル』(祥伝社黄金文庫).
金子隆一著,『謎と不思議の生物史』(同文書院).
大隅清治著,『クジラは昔 陸を歩いていた』(PHP研究所).
『大哺乳類展2 みんなの生き残り作戦』(国立科学博物館, 朝日新聞社, TBS, BS-TBS).
綿貫豊著,『ペンギンはなぜ飛ばないのか? 海を選んだ鳥たちの姿』(恒星社厚生閣).
冨田幸光著,『絶滅した哺乳類たち』(丸善).
冨田幸光著,『絶滅哺乳類図鑑』(丸善).
北村雄一著,『謎の絶滅動物たち』(大和書房).
長谷川政美著,『系統樹をさかのぼって見えてくる進化の歴史』(ベレ出版).
中原英臣著, 佐川峻著,『生物の謎と進化論を楽しむ本』(PHP研究所).
土屋健著,『生物ミステリープロ 石炭紀・ペルム紀の生物』(技術評論社).
土屋健著,『生物ミステリープロ 三畳紀の生物』(技術評論社).
土屋健著,『生物ミステリープロ ジュラ紀の生物』(技術評論社).
土屋健著,『生物ミステリープロ 白亜紀の生物 上巻』(技術評論社).
土屋健著,『生物ミステリープロ 白亜紀の生物 下巻』(技術評論社).
『特別展 生命大躍進 脊椎動物のたどった道』(国立科学博物館, NHK, NHKプロモーション).

찾아보기

라

마

바

사

아

자

차

카

타

파

하

글 · 그림

가와사키 사토시(川崎悟司)

1973년 오사카부 출생. 고생물, 공룡, 동물을 각별히 사랑하는 아마추어 고생물 연구가. 2001년 취미로 그린 생물의 일러스트레이션을 시대 · 지역별로 게시한 웹사이트 '고세계의 주민'을 개설한 이래로, 개성적이며 당장이라도 살아 움직일 것만 같은 고생물들의 일러스트레이션으로 인기를 한몸에 모았다. 현재는 고생물 일러스트레이터로도 활약 중. 주요 저서는 『멸종한 기묘한 동물들』, 『멸종한 기묘한 동물들 2』, 『말은 1개의 발가락으로 서 있다! 골격 비교 동물도감』, 『거북의 등딱지는 갈비뼈』 등이 있다.

옮긴이 김동욱

게임 및 IT 기술 번역으로 2000년대 초 처음 번역과 연을 맺었다. 이후 출판 번역에 입문하여 현재는 전업 번역가로 활동 중이다. 옮긴 책으로 『공각기동대』, 『메종일각』, 『백성귀족』, 『사가판 조류도감』, 『사가판 어류도감』, 『요츠바랑』, 『죠죠의 기묘한 모험』, 『트윈 스피카』, 『파이브 스타 스토리』, 『BLAME!』 등이 있다.

상어의 턱은 발사된다

1판 1쇄 찍음 2021년 10월 16일
1판 1쇄 펴냄 2021년 10월 31일

지은이 가와사키 사토시
옮긴이 김동욱
펴낸이 박상준
펴낸곳 ㈜사이언스북스

출판등록 1997. 3. 24.(제16-1444호)
(06027) 서울특별시 강남구 도산대로1길 62
대표전화 515-2000 팩시밀리 515-2007
편집부 517-4263 팩시밀리 514-2329
www.sciencebooks.co.kr

ISBN 979-11-91187-11-3 03470
979-11-92107-06-6(세트)